JN065240

一緒に作るから、手軽で続けやすい
愛犬と家族の毎日ごはん

俵森朋子 著

ナツメ社

犬にとっても
人にとっても、
ごはんは
生命の源であり、
暮らしの一部だから。

〈はじめに〉

食べることは好きですか？

我が家の犬たちもわたしも、食べることが大好きです。

食べることは生きること。命を繋ぐこと。そして、動物と自然を繋ぐもの。深いですよね。

毎日の食卓には、どんなごはんが並んでいますか？

手抜きのごはん、コンビニごはん、時間をかけて仕込んだごはん、季節や家族のイベントに合わせていろいろな食卓の風景があります。健康である限り、ほぼ毎日３６５日、何かしらのごはんを食べます。そして、そのごはんは、日々違うメニューのはずです。１週間以上、朝昼晩同じなんてことは、わたしはこれまでに経験したことがありません。

犬のごはんも、わたしたちのごはんと同様に、季節季節、その日その日で違っていてもいいのではと思っています。１日2食で、1年で７２４食、15年で1万８６０食。毎日決まった加工されたものの一生よりも、トッピングであっても旬の魚や野菜、果物が加わることで、心身ともに喜びを感じてくれるなら、ごはんを作る

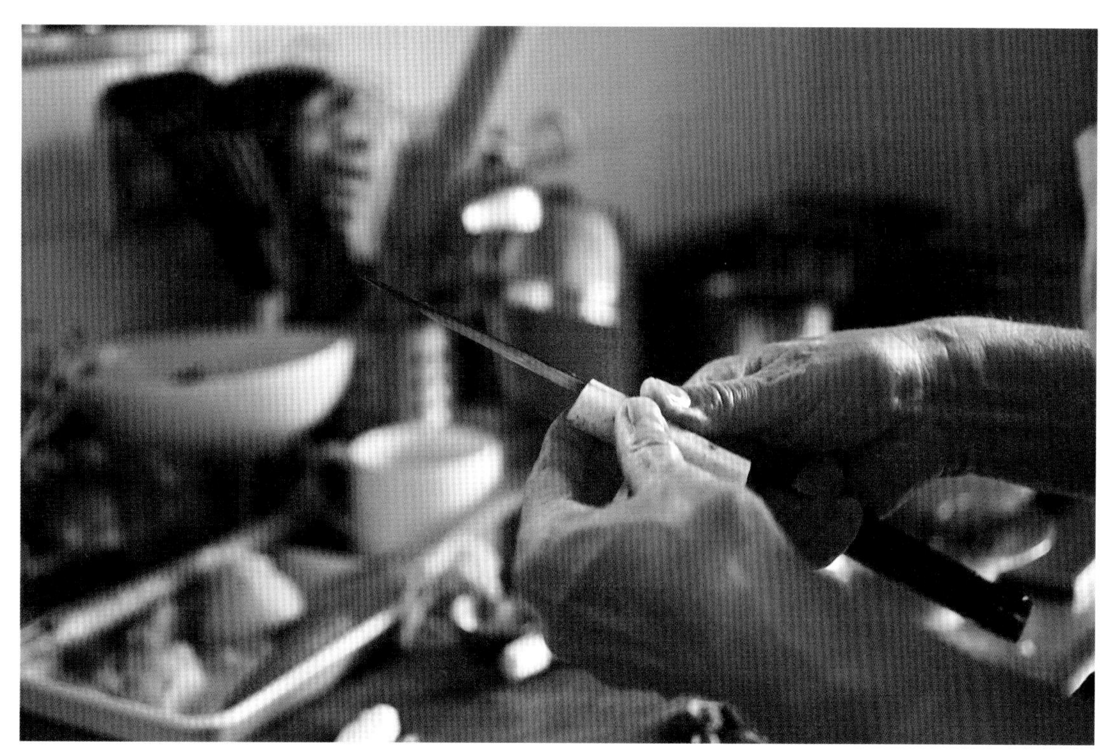

ことなんてお安いご用です。

わたしたちのごはんを作りながら、食材の端っこを使ったり、少し材料を多めに準備したりして、ついでに用意できたなら、1年を通して犬のごはんも豊かになるのかなと思います。

そして、犬たちに「思い出のごはん」なんておいしい記憶を残してあげられたら、飼い主として嬉しいな、と思うのです。わたしが子どものころに、母が作ってくれた気取らないいつものごはんが、懐かしくいつも鮮明であるように。毎日のごはんの時間が、待ち遠しく満たされるものであってほしいと思っています。

本書を手に取ってくださいまして、ありがとうございます。とても嬉しいです。皆様のご家族も犬たちも、旬の恵みをいただきながら、季節を感じ、心も体も健やかでおいしい毎日でありますように。心から願っています。

俵森朋子

CONTENTS

梅雨のレシピ …… 52

夏のレシピ …… 66

多様な味を楽しめる タレのレシピ6 …… 88

秋のレシピ …… 90

冬のレシピ

〈本書の見方〉

材料は、人用と犬用で分けて記載しています。P18や付録を参照して、犬に与えてはいけない食材や注意の必要な食材を犬ごはんに入れないよう、十分注意してください。栄養素のバランスや味などを見ながら、好みにアレンジして使ってください。

また、本書で紹介している犬ごはんのレシピは、いつものフードのトッピングとして与えることもできます。見た目のかさで、トッピングが全体の1割以下なら、いつも通りの分量のフードを与え、2〜3割の場合はフードを少し減らしてください。

※本書に掲載の犬ごはんは、基本的に元気な成犬に与えることを想定しています。特に愛犬が病気の診断を受けている場合は、獣医師の指示に従って与えてください。

※犬には個体差があり、その子その子で体に合う食べ物と合わない食べ物があります。本書に掲載のごはんが愛犬の体に合わない場合は、無理に続けず、中止してください。

犬ごはんの「材料」の分量は、体重5kg前後の小型犬の、1日2食の場合の1食分の目安です。P16を参照して、愛犬に合った分量を与えてください。また、与えてみたときの体調によっても、随時調整してください。

犬アイコンがついているほうが、犬ごはんです。本書の写真では、食材をそれほど細かくしていません。消化機能の弱い犬や体の衰えている犬は、できるだけ食材を細かく刻むか、煮上がったらブレンダーなどでペースト状にしてください。

夏の昼・夜ごはん

春雨チャプチェ

〈材料〉

	2人分	犬(5kg/1頭分)
緑豆乾燥春雨	60g	10g
ニンジン	1/2本	約2cm
ピーマン	2個	1/6個
キクラゲ	2〜3枚	1/3枚
モロヘイヤ	1束	大さじ1
豚薄切り肉	150g	–
豚薄切り肉(モモ)	–	80g
ごま油	適量	–
白いりごま	少々	少々
A しょうゆ	大さじ1	–
A オイスターソース	大さじ1	–
A みりん	大さじ1/2	–
A 酒	大さじ1	–
A 砂糖	大さじ1	–
A 水	100ml	–
A 下ろしニンニク	小さじ1/2	–
A 下ろしショウガ	小さじ1/2	–
水	–	150ml

〈作り方〉

1 人用の春雨は熱湯で指定時間ゆでて、水を切る。ニンジン、ピーマン、キクラゲは細切りにする。モロヘイヤはさっと下ゆでして包丁で叩く。豚薄切り肉はひと口大に切る。Aを混ぜ合わせてタレを作っておく。

❶ 1のニンジン、ピーマン、キクラゲ、モロヘイヤ、豚薄切り肉(モモ)から犬用を取っておく。

2 フライパンにごま油を熱し、1のニンジンと豚薄切り肉を入れて、3〜4分よく炒める。

3 2に1のピーマン、キクラゲを加えてさらにさっと炒め、1の春雨とAのタレを入れ、弱火で約5分煮詰める。

4 3の水分がなくなったら器に盛り、1のモロヘイヤをのせて、白いりごまを散らせば完成。

❷ 鍋に150mlの水を沸騰させ、①のニンジン、ピーマン、キクラゲ、豚薄切り肉(モモ)を入れて煮る。

❸ ②に火が通ったら、春雨を細かく折って入れ、約5分煮て、犬用の器に移す。

冷奴

〈材料〉

	2人分	犬(5kg/1頭分)
木綿豆腐	1/2丁	小さじ1
好みのタレ(P88参照)	適宜	–

〈作り方〉

1 木綿豆腐は軽く水を切り、器に盛る。

❹ 1の豆腐から犬用を取っておく。

2 好みのダレをかけて完成(おすすめは甘酢ショウガタレ)。

エダマメ

〈材料〉

	2人分	犬(5kg/1頭分)
エダマメ	120g	少々
塩	少々	–

〈作り方〉

1 エダマメは、サヤの両端をキッチンバサミで切る。ボウルに入れてほんの少しの塩で揉み、5分ほど置く。

2 1を水でさっと流して耐熱皿に入れ、ふわっとラップをかけて、600Wのレンジで約2分加熱する。

❺ 2のエダマメから犬用を取り、サヤから出す。

3 2を冷まして、塩を振れば完成。

❻ ③の粗熱が取れたら、①のモロヘイヤ、④、⑤を加え、白いりごまを振って完成。

83

FOR DOGS

夏の昼・夜ごはん

春雨チャプチェ

夏バテ解消に活躍する緑豆春雨!

FOR OWNERS

緑豆春雨は、体の余分な熱を冷ましてくれるうえ、解毒作用や利尿作用も期待でき、暑気あたりによいと言われています。夏にぴったりの春雨をモロヘイヤと合わせて、さらにパワーアップ! 犬には、春雨を細かくして少量入れてあげましょう。

82

「作り方」の中で、犬アイコンのない部分は、人用のごはんか、人と犬のごはん共通の行程です。

犬アイコンの付いている部分は、犬ごはんのための行程です。人用と同時進行で作りましょう。

人アイコンがついているほうが、人のごはんです。味付けは、P88のタレのレシピも活用しながら、好みで調整してください。

下記の分量の表記は、おおよそ以下の意味で使用しています。
耳かき1杯=約0.02g

シェアごはんを作るための

POINT 1

愛犬と家族のごはん、一緒に作るメリットは？

まずここでは、犬ごはんの基本や、一緒に作るためのポイントを紹介します。そもそもなぜ、愛犬のごはんと家族のごはんを一緒に作るといいのでしょうか？　作るのが楽ということ以外にも、実はメリットはいろいろあります。

1 同時進行で作れて楽&時短になる

愛犬のごはんも家族のごはんも、作るのが大変だと続けるのは難しいもの。犬用と人用を一緒に作れば、それぞれレシピを考える必要がなく、同時進行で調理することで時間も短縮できます。また、使用する食材を共有することで費用や食材の無駄を抑えることもできます。結果、ごはん作りが楽になり、苦労せず続けられるのです。

2 旬の食材を一緒に摂れる

季節ごとに必要なケアは、犬も人もほとんど同じ。特に旬の食材にはその季節に必要な栄養成分が豊富に含まれており、人間はそれらを食べることで自然と季節に合わせたケアをしています。愛犬にも

365日同じフードではなく、旬の野菜や魚をごはんに取り入れてあげることで、季節の変化を健康に乗り越えられるのです。

❸ 栄養バランスを整えやすい

人のごはんを作るときは、タンパク質、野菜、炭水化物のバランスを考えることが多いでしょう。その組み立ての中から、タンパク質を多め、炭水化物をごく少量にして、犬用に取り分ければ、犬ごはんの栄養バランスが取れます。逆に、犬ごはんの栄養バランスを考えることで、もしかしたら人のごはんもより健康的になるかもしれません。

❹ 日々の食材をローテーションできる

現代日本では、人のごはんの献立はほぼ毎日変わる家がほとんどでしょう。犬のごはんも、食材をローテーションすることは大切です。すべての食材は薬効を持っており、適量食べれば薬となり、過剰に食べれば毒となるからです。人のごはんと一緒に作ることで、犬のごはんも自然にローテーションすることができるのです。

シェアごはんを作るための POINT 2

犬と人のごはん、何が違う？

愛犬と家族のごはんを一緒に作ると言っても、もちろん犬と人のごはんはまったく同じではありません。人と犬の食性の違いを知って、一緒に同時進行で作りながらも、うまく作り分けるようにしましょう。

人の場合

OWNERS' MEAL

ごはんなど炭水化物がメイン

世界中の多くの人々は穀類などの炭水化物を主食にしています。日本の食文化では主食は米で、そこに主菜や副菜、汁物が加わります。例えばおにぎりだけでも、食事として十分に成り立ちます。

自分で意識して食事以外でも摂れる

人にとっても水分はとても大切。新鮮な食材はそれ自体に水分が含まれていますし、ごはんに汁物を付けるのも有効です。また、人は食事以外でも、自分で意識的に水分摂取をすることができます。

味が混ざらないよう美しく盛り分ける

日本の食文化では、料理ごとの繊細な味付けの違いを堪能したり、盛り付けや器の見た目の美しさを楽しんだりするため、料理ごとに器を分けるのが一般的。そのため、人用のごはんでは器が複数になることがほとんどです。

塩分や調味料は欠かせない

塩分（ナトリウム）は動物の体液に含まれ、細胞の浸透圧を調整し、栄養素の吸収や神経の伝達など、さまざまな役割を果たしています。調味料は人にとって、食欲を増進させてくれる、食事を作るうえで欠かせないものです。

摂りすぎも少なすぎも健康トラブルに

脂質は生命活動に必要なエネルギーとなる物質ですが、摂りすぎは内臓を傷めて肥満を招き、逆に少なすぎると免疫力低下やホルモンバランスの乱れ、皮膚トラブルなどを招きます。これは人でも犬でも同じです。

奥歯ですりつぶして飲み込める

人の歯は、穀類などの食べ物を細かくすりつぶせるように、奥歯の面が平らになっています。また、口を閉じると、上下の歯が合わさるようになっているのも、食べ物をすりつぶすための構造です。

熱いものは熱く、冷たいものは冷たく

人は、熱いものは熱いうちに、冷たいものは冷たいうちに食べるほうが、おいしく感じます。また、熱すぎる、冷たすぎると感じたら、自分で冷ますなど調整してから食べることができます。

犬の場合

DOGS' MEAL

犬の場合	項目
肉や魚などタンパク質が中心 犬は肉食寄りの雑食。犬のごはんは炭水化物がメインではなく、中心になるのはタンパク質（肉や魚）です。炭水化物の消化はそれほど得意ではなく、少量のほうが消化に優しいと考えられます。	**主食**
水分多めのつゆだくごはんが基本 犬は飼い主から与えられたものがすべてなので、飼い主が意識的に水分補給をしてあげることが大切。つゆだくごはんにして、食事でも水分を補ってあげましょう。特にドライフードがメインの場合は、意識的に補う必要があります。	**水分**
ワンボウルにすべて混ぜて雑炊状態 犬の場合、味付けの違いや見た目の美しさを犬自身が楽しむことはないので、消化のよさを最優先に、ワンボウルにまとめます。もちろん、特別な日などに器や盛り付けを飼い主が楽しむのもいいでしょう。	**皿の数**
塩分は必要だけれどごく少量でOK 犬にも塩分は必須ですが、人と比べると遥かに少ない量でOK。また、同じ犬でも年齢や体重、体調、運動量などによって必要な量は大きく異なります。人用と分けたうえで、必要な量をプラスする方法をおすすめします（P19参照）。	**味付け**
脂質の多い肉は避け、週2回は魚を 年齢や体調、運動量によって必要量は違いますが、人用が豚バラ肉なら犬用はモモ肉やヒレ肉、人用が鶏モモ肉なら犬用は胸肉など、同じ肉でも脂質少なめにするのがおすすめ。また、脂質にEPAやDHAを含む魚の日も作りましょう。	**脂質の量**
丸飲みしてしまうので消化よく 犬の歯はすべてとがっており、噛み砕くことは得意ですが、すりつぶすことはできず、野菜などの食物繊維はほぼ丸飲みです。人用よりよく火を通す、細かく刻む、すり下ろす、ペーストにするなど、消化をよくして与えるのがおすすめ。	**食物繊維**
熱すぎ、冷たすぎは避けて常温で 犬は自分でふうふう吹いて適度な温度に冷ましたりせず、一気に飲み込んでしまいます。熱すぎるものは口の中や胃の粘膜を傷つけ、冷たすぎるものはお腹を壊す可能性があるので、人肌ぐらいか常温で与えてください。	**温度**

シェアごはんを作るための POINT 3

愛犬と家族のごはんを手早く一緒に作るコツ

似ているけれど少し違う部分のある犬用と人用のごはんを、同時進行で手早く作るには、コツがあります。作っているうちに慣れてきて、それほど手間なくできるようになるはず。ここでは、知っておくと便利なコツを5つ紹介します！

コツ1 和食の基本「一汁三菜」がおすすめ

家族のメニューを決める時点で、主菜が揚げ物だったり、パスタやうどん、そばなど炭水化物メインの一品だけだったりすると、愛犬のごはんと一緒には作りにくくなります。肉・魚や野菜を中心にしたメニューなら、一緒に作りやすいだけでなく、家族にとってもヘルシーなごはんになりやすいです。メニュー選びから、肉・魚と野菜中心の組み立てを意識してみましょう。

例えば、ごはんと汁物に、主菜（肉・魚）1品、副菜（野菜中心）1〜2品の組み合わせは、犬のごはんも一緒に作りやすい。

コツ2 調味料をあまり使わず自家製タレを活用する

人のごはんだけを作るときは、下味を付けたり、仕上げに味を整えたりと、しっかりと味付けをしますよね。しかし、犬のごはんと一緒に作るときは、できるだけ調味料を使わず、犬用を取り分けてから味を足すことになります。そこで、自家製のタレを作って用意しておくと、食べるときに好みのタレを足せるので、手軽にいろいろな味を楽しむことができます。

本書でも、P88でおすすめの自家製タレのレシピを紹介している。もちろん市販のポン酢やソース、ドレッシング、マヨネーズなどでもOK。

コツ3

タマネギ・ネギは後のせ。代用の食材もうまく使う

家族のごはんを愛犬のごはんと一緒に作る最大のデメリットは、ネギ類を使えないことかもしれません。本書では、ネギやタマネギを使わなくてもおいしく食べられるメニューを中心に紹介しています。また、犬用を取り分けた後に入れる、別の食材で旨味を引き出すといった方法もあります。

ネギを焼いておいて最後に入れたり、タマネギやネギの入ったタレを使ったりと、犬用を取り分けた後に追加するのも一つの方法。

大根やセロリで代用する

タマネギやネギの代用として、大根下ろしで旨味を引き出したり、セロリで香り付けしたりという方法を取ることもできる。

コツ4

調理道具をまとめて洗い物を減らす

犬用の鍋を用意する

犬用の鍋に、火の通りにくい順に食材を入れてゆでれば、基本的に人用がどんなメニューでも一緒に作れる。

食材を煮るだけのメニューは、味付けとネギ類追加を後にすれば同じ調理器具でOK！

人用と犬用を作り分けることで、調理道具の洗い物が増えるのはできるだけ避けたいもの。基本的には、人と犬のごはんを一緒の鍋やフライパンで作れるのが理想です。それが難しい場合は、犬用の鍋を1つ用意して、人用と同じ食材をどんどん入れていく方法を取れば、どこで分けるかを考えなくても作れて簡単です。

コツ5

犬用の肉・魚は冷凍ストックを使う

人用のごはんに比べて、多くの肉・魚が必要な犬用のごはん。人用と同じ材料では肉・魚が足りないときにさっと追加できるように、まとめてゆでて余った分を冷凍ストックしておくと便利です。犬用の鍋で食材を煮込むときに、冷凍ストックの肉・魚を入れるだけ！

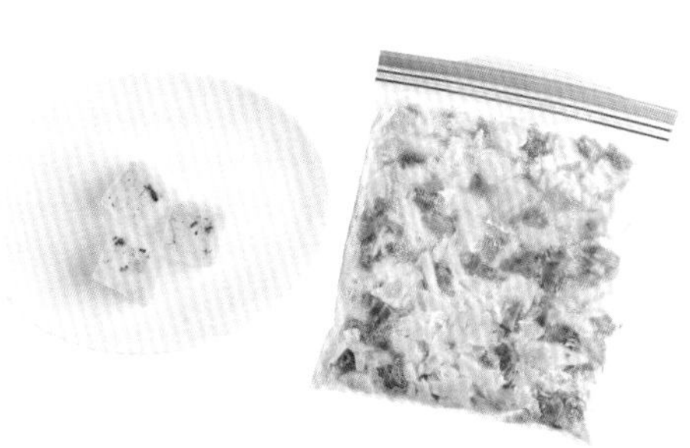

肉・魚だけでなく、ゆで汁も製氷器で凍らせておくと、味付きスープが簡単にできる。冷凍ストックの方法はP136〜に。

シェアごはんを
作るための
POINT 4

犬ごはんの分量と割合の目安

犬ごはんを手作りするときに悩む人が多いのが、栄養バランスや分量。しかし、家族のごはんがいつも完璧な栄養バランスではないように、完璧を求めないことが続けるコツ。愛犬の日々の体調や便の状態などを見ながら、調整しましょう。

食材の割合の目安

1 ： 2 ： 0.5

肉・魚　野菜　炭水化物

まず、愛犬の体重によって主食となる肉や魚の量を決め、それに対して同量か少し多めのかさの野菜を用意します。今まであまり野菜を与えていなかった場合は、野菜少なめから始めましょう。炭水化物はなくてもOKです。

肉・魚 1

肉か魚の量を、左ページの表を参考に決める。同じ体重でも、運動量によっても変わるので、与えながらようすを見て調整を。内臓肉は、肉の全体量の30%までにとどめよう。

野菜 1~2

肉または魚の量に合わせて、重さではなく調理前の見た目のかさで、同量か少し多めの野菜を選ぶ。人用のごはんに合わせて、旬の野菜やきのこなど複数種類をローテーションして入れよう。

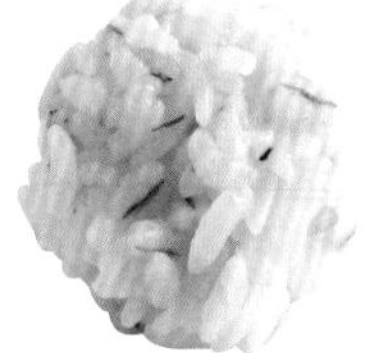

炭水化物 0~0.5

通常、毎回のごはんに炭水化物を入れる必要はない。ドッグスポーツをしているなど、運動量の多い犬には少量を入れよう。また、週1回程度、炭水化物ごはんの日を作ってもOK。

1日に与える肉・魚、水分の摂取量の目安

肉・魚の量をもとに野菜の量を決めます。また、水分補給も重要。日本獣医師会推奨の「1日に必要な水分量」を下の表で確認し、1日2食なら、1食にその1/3程度を目安に使ってつゆだくごはんにしましょう。

体重	赤身肉（牛・馬・ラム）	白身肉（豚・鶏）	魚	水分
2kg	60〜65g	55〜60g	65〜70g	220ml
5kg	120〜130g	110〜120g	130〜140g	440ml
7kg	155〜165g	140〜150g	170〜180g	570ml
10kg	210〜230g	200〜220g	220〜240g	740ml
15kg	280〜300g	250〜270g	300〜320g	1,010ml
20kg	345〜365g	310〜330g	380〜400g	1,250ml
25kg	420〜440g	370〜390g	440〜460g	1,470ml
30kg	480〜510g	420〜450g	520〜550g	1,690ml
35kg	530〜560g	480〜510g	570〜600g	1,900ml
40kg	590〜620g	530〜560g	630〜660g	2,100ml

●子犬（〜1歳）：×2〜3　●元気な成犬：×1　●去勢・不妊していない場合：×1.1〜1.2

●肥満傾向、散歩が少ない場合：×0.7〜0.8　●運動量が多い場合、使役犬：×1.2〜2

シェアごはんを
作るための
POINT 5

犬に与えてはいけない食材、注意が必要な食材

愛犬と家族のごはんを一緒に作るにあたって、特に注意しなければいけないのは、人は食べても大丈夫だけれど、犬に与えてはいけない食材を、絶対に犬ごはんに入れないこと。犬に与えてはいけない食材や、注意が必要な食材をまとめました。

与えてはいけない食材

これらの食材を頭に入れておき、絶対に犬のごはんに入れないように気をつけましょう。もし誤って愛犬が食べてしまった場合は、無理に吐かせず、まずは病院に電話して指示をあおぐこと。

✕

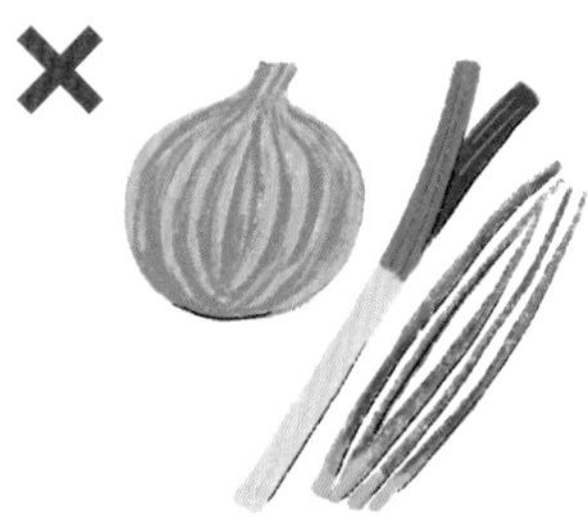

タマネギ、ネギ、ニラ

ユリ科ネギ属は、アリルプロピルジスルフィドという成分が赤血球を破壊し、貧血を引き起こす可能性が高い。ニンニクは少量ならOK。

✕

ブドウ、干しブドウ、プルーン

原因は不明だが、急性腎不全を引き起こす可能性がある。食欲低下、元気消失、嘔吐下痢、腹痛、オシッコの量が減る、脱水などの症状が出る。

✕

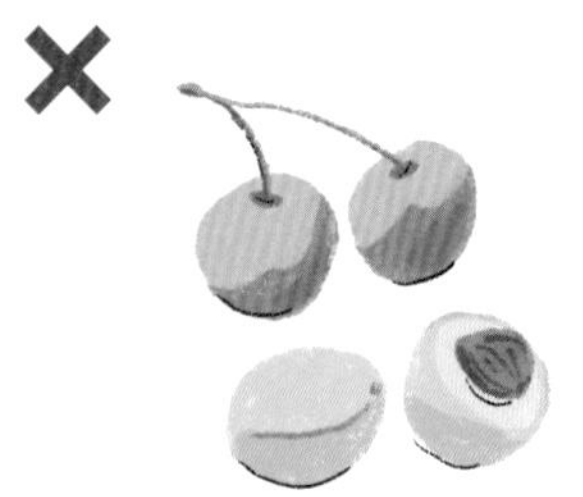

未熟なサクランボ、青梅と種

犬に有害なシアン化物が含まれている。梅雨の時期に道に落ちている青梅の誤食には、十分な注意が必要。

✕

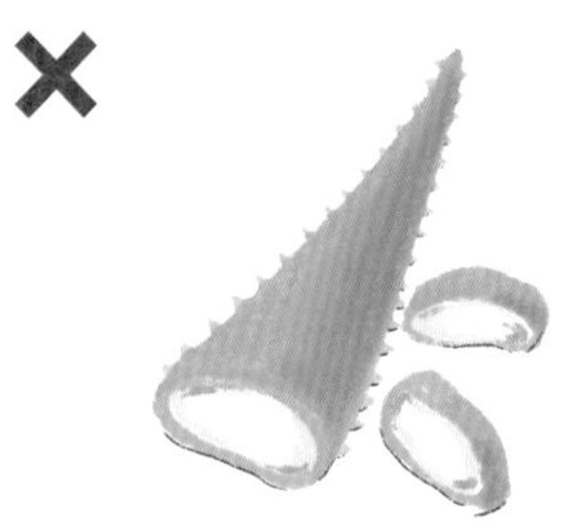

アロエ

原因は不明だが、下痢や腸炎を引き起こす可能性がある。アロエ入りヨーグルトなどは注意が必要。

✕

コーヒー、紅茶、緑茶、茶葉

カフェインを含むものは、カフェイン中毒を引き起こす可能性がある。栄養ドリンクもカフェインが多いので危険。

✕

アルコール

犬はアルコールを分解して無害化できない。エタノールが原因で、エタノール中毒症状を起こす危険性がある。

キシリトール

インスリンが過剰に分泌され急激に低血糖を起こす。中毒量は体重1kgに100mg以上が目安。症状は下痢嘔吐、元気消失、震えなど。

チョコレート、ココア

テオブロミンという成分が、1～4時間で嘔吐下痢、興奮、多尿、けいれんなどの症状を起こす。中毒量は体重1kgに100mg以上と言われる。

加熱した骨

特に鶏の骨は加熱すると固くなって、鋭く縦に裂けるため、食道や消化管を突き刺したり、消化に負担がかかって下痢をしたりする可能性がある。

魚の固い骨

柔らかいものは問題ないが、固いものは食道や内臓を傷つける危険性がある。圧力鍋などで柔らかく煮れば、与えられる。

注意が必要な食材

これらの食材は、種類や分量、与え方によって、犬の体調に悪影響を与える可能性があります。
もし誤って愛犬が食べてしまった場合は、体調に異常が見られたらすぐに病院へ連れて行きましょう。

カニやエビなどの甲殻類

生のカニやエビ、イカ、タコ、貝類はビタミンB_1欠乏症を引き起こす可能性がある。また、イカは消化が悪いので消化不良を起こしやすい。

無糖や低脂肪のヨーグルト

甘味料としてキシリトールを使っているものがある。キシリトールは少量でも危険なので、与える前に原材料の確認を。

過剰な調味料や香辛料

コショウ、わさび、唐辛子などの香辛料は、胃腸を刺激して下痢を引き起こすことがある。また、味噌など調味料の入れすぎは塩分過多になる。

生の卵白

生の卵白に含まれるアビジンは、必須ビタミンのビオチンの吸収を妨げる。与える前に火を通すのがおすすめ。

犬にも塩分は必須！

犬ごはんに人のごはんと同様に塩分を入れると多すぎますが、犬にも生命維持にナトリウム＝塩分は不可欠。魚や肉、海藻などにも含まれますが、それだけでは不足しがちで、ナトリウムの欠乏は心臓機能の低下を招きます。完全手作りごはんの場合は、運動量などに合わせて、週2～3回ほど少量を与えましょう。ドライフードを与えている場合は、必要量が含まれているので補う必要はありません。

【週2～3回与える塩分量の目安】

	小型犬	中型犬	大型犬
味噌	1～2g（小さじ1/6）	3～4g（小さじ1/2）	5～6g（小さじ1）
梅干し	小指の爪1つ分程度	中指の爪1つ分程度	小指の爪2つ分程度
岩塩	耳かき1杯程度	耳かき2杯程度	耳かき3杯程度

手抜きでも、旬で新鮮な毎日ごはん

我が家の犬たちのごはんは、ほぼ手作りです。しかも作り置きではなく、毎回作ります。

これは単に、私が管理下手だから。まとめて数日分作っても、作ったことを忘れて放置してしまうこともあるし、ドライフードを冷凍庫にしまったら、いつの間にか奥の奥へ追いやられて存在を忘れてしまう始末。全然ちゃんとしていません。毎回、自分たちのごはんと同時進行でちゃちゃっと作ってしまったほうが、よほど無駄がないのです。

手順はいたって簡単。人用のごはんで用意した材料の一部を、犬用の鍋に入れて煮るだけ。生肉を与えるときはたいがい、味付け直前の人用の味噌汁やスープを犬用に取り分けて、その中に生肉を入れるだけ。それだけです。ときには、犬用に用意した材料で、人用のごはんを作ることもあります。

もちろん、たまに疲れ果てて、キッチンに立てないこともあります。そんな日は、災害時用にストックしてある既成品のレトルトフードに、既製品の冷凍の醗酵野菜を混ぜて、水を入れるだけ。そんな、3分もかからないごはんだったりもします。

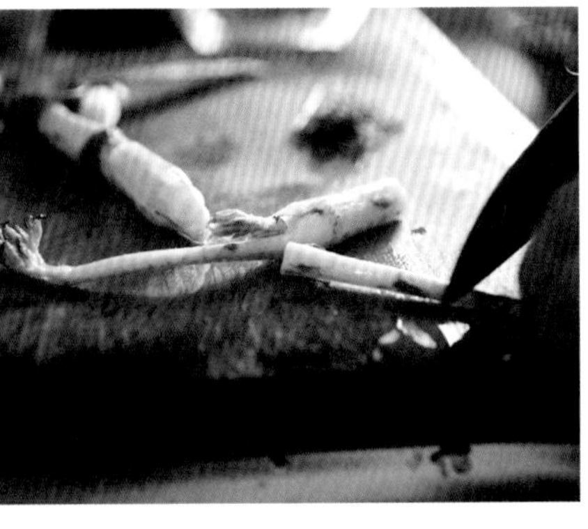

人用のごはんも、基本的には手抜きの毎日です。いかに手をかけずに、それなりにおいしくいただけるかが、もっぱら我が家の食卓のテーマです。丁寧な映える食卓ではありません。

本書で紹介しているレシピも、そんなデイリーな我が家の手抜きごはんです。ただ、季節は大切に、旬の食材はできるだけ口にするように心がけています。人も犬もざっくりとした毎日のごはんですが、家族みんなとても元気に過ごしています。

もっとも大切にしているのは、「おいしくなぁれ」、「元気のもとになりますように」、「体が喜んでくれますように」と気持ちを込めて作ること。丁寧に作っていても内心面倒だなと思っていれば「面倒くさいごはん」になるし、手抜きでも「おいしいよ」と思いを入れて作れば、それなりに「おいしいごはん」になります。愛情と言うと薄っぺらく感じますが、「気持ちを込める」ことは、どんなに忙しくても、いつでもできること。

日本は、お店に行けば新鮮な食材が並んでいる、豊かな国です。とても幸せで、ありがたいなと思います。せっかくそんな国で生かされているならば、人だけではなく動物たちも一緒に、新鮮な食材で生きていけたら、楽しみも増えるのではないか。そんな思いで、毎食短時間でも、キッチンに立ってせっせとごはんを作っています。

FOR
OWNERS

季節の シェアごはん レシピ

愛犬のごはんも家族のごはんも、
旬の食材を取り入れて季節のケアをすることが大事。
ここでは、春・梅雨・夏・秋・冬の季節ごとに、
一緒に作れる愛犬と家族のごはんレシピを紹介します。
デイリーな朝ごはん、昼・夜ごはんに加えて、
季節の行事を楽しむスペシャルごはんと、旬のおやつも！

SPRING
Recipe

春のレシピ

芽吹きの季節、春。弁当を持ってピクニックに出かけて、愛犬や家族と一緒に外で食べるのも気持ちいいものです。また、この時期にしか食べられない山菜やイチゴを食べるのも楽しみの一つ。旬の食材で、激しい気温変化に負けない体を作りましょう！

春に取り入れたい食材って？

芽吹きの春は、1日の時刻で例えると、朝起きてその日の準備を始める時間帯。
肝臓がもっとも働き始める時期でもあります。肝臓のケアをする食材を取り入れて、サポートしましょう。

1 デトックスをサポートする

冬に溜め込んだ老廃物などを排出する春は、肝臓が一年でいちばん働く季節と言われています。また、狂犬病や混合ワクチン接種、フィラリア予防が始まり、薬の解毒という仕事も加わって、肝臓に負担がかかりやすい時期でもあります。デトックス効果の高い、苦味のある野菜を取り入れましょう。

例えばこんな食材

ブロッコリー、キャベツ、小松菜、ふきのとう、
菜の花、春菊、ゴボウ、こごみ など

2 肝のたかぶりを抑える

中医学では、「肝」は血を貯蔵したり、血流をコントロールしたり、精神的な安定をはかったりする役割があると言われています。肝が疲れていると、イライラしたり落ち込んだりしやすくなります。がんばりすぎている肝臓をサポートし、落ち着かせる食材を取り入れましょう。

例えばこんな食材

イチゴ、シジミ、セロリ、クレソン、アスパラガス、パクチー など

3 血液を補う

肝臓は血液を貯蔵する臓器でもあるため、血液が不足すると肝臓の不調につながります。血液が潤沢であれば、肝臓も元気に働くことができます。血液を充実させるために、血を補う食材を取り入れるのがおすすめです。

例えばこんな食材

ニンジン、レバー、黒ごま、黒きくらげ、金針菜 など

春におすすめの食材

この時期に旬を迎えるものや、旬の体のケアに役立つものなど、春の時期に家族と愛犬で積極的に食べたい食材を紹介します。いろいろな食材をローテーションしながらごはんを作る中に、これらの食材も組み込んで、季節を楽しみながらケアしましょう。

レバー

血を補う栄養素が豊富。新しい細胞を作るのに不可欠な亜鉛も多く含まれる。愛犬には、週に1度は、トッピング程度に与えたい。

豚肉

潤いを補うタンパク質。咳が出やすい犬にもおすすめ。ビタミンB_1が豊富で疲労回復効果も期待できる。犬用には、ヒレやモモなど脂の少ない部位を選んで。

シジミ

体内毒素を排出し、不要な熱を取り除く効果が期待できる。レバーに匹敵する量のビタミンB_{12}を含み、造血効果も抜群。

イワシ

血液がサラサラになる効果や、体を温める効果が期待できる。脂質は高めなので、脂漏性の皮膚疾患のある犬には控えめにしよう。

果物

イチゴ

ビタミンCや葉酸が豊富。体を潤し、体の熱を取り除く効果が期待できる。「肝」を養う果物と言われ、春のおやつに最適。

卵

健康を維持するために必要な栄養素をバランスよく含む、完全栄養食。特に卵黄には、不足している体液や血液を補い、体を潤す効果が期待できる。白身は加熱して。

野菜

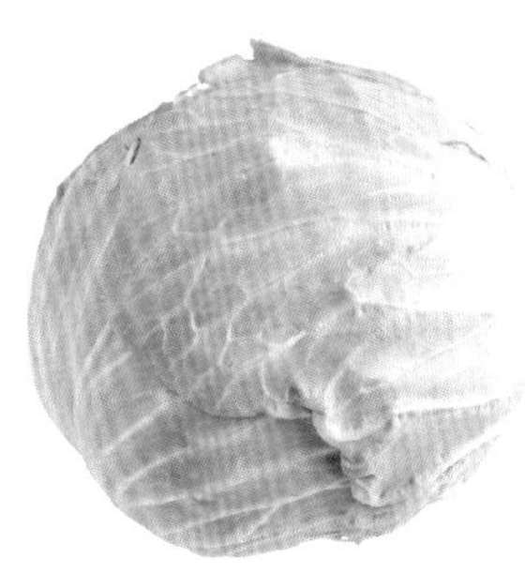

セロリ

ビタミンCはもちろん、ミネラルをバランスよく含み、葉にもビタミンたっぷり。香り成分がイライラを抑制してくれる。

春菊

強い香りの成分には、自律神経を刺激し、胃腸の働きをよくしたり、咳をしずめたりする働きも期待できる。

春キャベツ

胃腸薬にもなるビタミンUが豊富。犬に与えるときは、消化をよくするため、生よりもさっとゆでたほうがおすすめ。

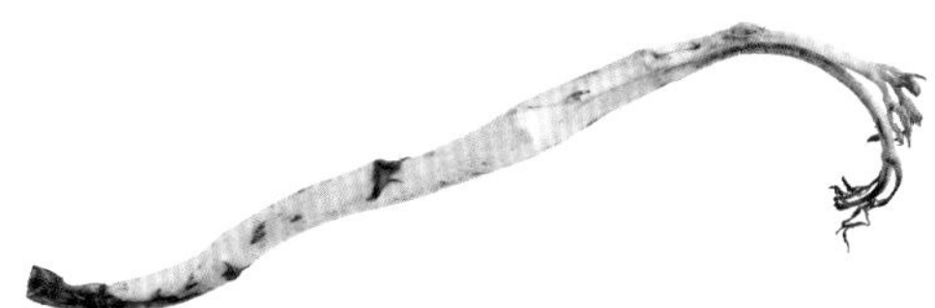

うど

カリウムが豊富で、体の水分バランスを調整する効果が期待される。抗酸化作用の高いクロロゲン酸は、特に葉に多く含まれる。

ゴボウ

豊富な食物繊維が腸内環境を整え、利尿作用も期待できる。皮はむかずに、たわしでこする程度にしよう。

ふきのとう

春のデトックスに必須の山菜。苦味成分が新陳代謝を活性化し、肝臓をサポートしてくれる。

こごみ

クセがなく、アク抜きなどの不要な、取り入れやすい山菜。カロテンやビタミンCが豊富で、抗酸化作用も期待できる。

菜の花

民間療法で薬として使用されてきた。老廃物の排出や免疫力アップのほか、茎の部分は血液循環を良好にする効果があるとされている。

ニンジン

カロテンが豊富で、免疫力アップや、皮膚や粘膜を強化する効果が期待できる。消化に優しくするため、すり下ろして与えるのがおすすめ。

春の朝ごはん

桜エビと大葉のおにぎり

FOR DOGS

味噌汁の仕上げ手前を犬用に

忙しい朝の、ひと口サイズのおにぎりごはん。犬ごはんは、味噌汁に味噌を入れる前に別の鍋に分けて、冷凍庫にストックしたカツオを加えるだけ。それぞれに、消化&肝臓サポート効果が期待できる大根下ろしを添えて。

桜エビと大葉のおにぎり

〈材料〉

	2人分	犬(5kg/1頭分)
桜エビ	5g	1g
ごはん	茶碗2杯	–
白すりごま	大さじ1	ひとつまみ
大葉	4枚	1枚
塩	少々	–

〈作り方〉

1 桜エビはフライパンで空炒りする。

❶ 1の桜エビから犬用を取っておく。犬用の大葉は千切りにする。

2 ボウルに炊きたてのごはん、1、人用の白すりごまを入れ、さっくり混ぜる。

3 手に塩を取って、2を握れば完成。大葉にのせて器に盛る。

豆腐とワカメの味噌汁

〈材料〉

	2人分	犬(5kg/1頭分)
豆腐	1/2丁	少々
新ワカメ	50g	15g
水(もしくはダシ汁)	400ml	150ml
味噌	大さじ2	–
カツオ	–	80g

〈作り方〉

1 鍋に水(人用400ml＋犬用150ml)を沸騰させ、さいの目切りにした豆腐を入れてひと煮立ちさせたら、新ワカメを加える。

❷ 1の汁150ml弱、犬の分の豆腐と新ワカメを犬用の鍋に移す。

2 火を止めて、味噌を溶かせば完成。

❸ ②を沸騰させ、ひと口大に切ったカツオを入れて7分ほど煮たら、粗熱を取る。

大根下ろし

〈材料〉

	2人分	犬(5kg/1頭分)
大根	輪切り1cm	輪切り0.5cm
カツオ節	少々	–
しょうゆ	少々	–

〈作り方〉

1 大根は皮をむいて、すり下ろす。

❹ 1の大根下ろしから犬用を取っておく。

2 カツオ節としょうゆをかけて完成。

❺ ③に①、④、白すりごまを加えれば完成。

春の朝ごはん

具だくさんミネストローネ

野菜室の整理にぴったりのミネストローネ。冷蔵庫に残った野菜を、ネギ類以外全部投入して、豆やジャガイモとトマト缶でコトコト煮ましょう。週末に煮込んでおいて、朝は食べる分だけ温めて。犬用には、肉や魚、もしくはドライフードを加えるだけでＯＫ！

簡単に作れて栄養満点！

〈材料〉

	4人分	犬(5kg/1頭分)
セロリ	1本	
ニンジン	1本	
ジャガイモ	2個	
キャベツ	2枚	
トマト缶	1缶	
乾燥ポルチーニ(なければ好みのきのこ)	10g	
ヒヨコ豆水煮	小1缶	
ブロッコリー	1/2株	
ニンニク	1片	–
オリーブオイル	小さじ2	
タイム	少々	
塩	少々	–
水(もしくはポルチーニの戻し汁)	150ml	
イタリアンパセリ	少々	
鶏ササミ(もしくは好みの肉または魚)	–	1本

〈作り方〉

1 セロリ、ニンジン、ジャガイモは粗みじん切りにする。ブロッコリーはひと口大に切る。キャベツは約1cmの角切りにする。乾燥ポルチーニはひたひたの水に浸けて戻す。

❶ 鍋に水(分量外)を沸騰させ、鶏ササミを5分ほどゆでて取り出しておく。
※肉・魚の代わりにいつものドライフードを用意してもOK。

2 鍋にオリーブオイルを引き、1のセロリ、ニンジンを入れて、弱火で7〜8分炒める。

3 1のジャガイモ、キャベツを加えて、さらに5〜6分炒める。

4 トマト缶、タイム、水(または乾燥ポルチーニの戻し汁)150mlを加えて、弱火で約20分煮込む。

5 1のブロッコリーとヒヨコ豆水煮、戻したポルチーニを加えて、さらに約20分コトコト煮込む。

❷ 5を犬用に取り分ける(体重5kgの場合は約2/3カップ)。
※1食分ずつ冷凍または冷蔵してもOK。

6 5にニンニクを下ろし入れ、塩を加えて、味を調える。皿に盛って、イタリアンパセリを散らせば完成。
※火を止めて30分ほど放置したほうが、味が染みておいしい。

❸ ②に①の手で割いた鶏ササミとゆで汁少々を加え、粗熱が取れたら、イタリアンパセリを散らして完成。

FOR DOGS

春の昼・夜ごはん

鯛と野菜の蒸し物と、シジミ汁

ホイルで包んで
まとめて蒸すだけ

FOR OWNERS

魚の蒸し物に菜の花を加えて、ふわっと春を感じる食卓に。魚の種類はお好みですが、白身魚がおすすめ。シジミ汁と合わせて、春の肝臓サポート効果も期待できます。家族の分と愛犬の分をそれぞれアルミホイルで包んで、まとめて蒸せば、全員分を一度に作れます。

鯛と野菜の蒸し物

〈材料〉

	2人分	犬(5kg/1頭分)
鯛	2切れ	1切れ
長ネギ	1本	−
菜の花	3〜4本	1本
えのき	1/2袋	少々
カブ	2個	1個
酒	大さじ4	−
塩	少々	−
オイル	少々	−

〈作り方〉

1 人用の鯛2切れに塩を軽く振り、約10分置いた後、水気をよく拭き取る。

2 長ネギ、菜の花、えのきはそれぞれ5cmほどの長さに切る。カブはくし切りにする。

3 アルミホイルに1、2を1人分ずつ並べて、塩、オイル、酒を回しかけ、上部を折り返して閉じる。

❶ 犬用の鯛1切れ(塩なし)をひと口大に切って、骨を取り除く。アルミホイルに鯛と、2の菜の花、えのき、カブの犬の分を並べ、上部を折り返して閉じる。

4 大きめのフライパンに水約100ml(分量外)を入れ、3と①を並べてふたをし、火にかけて8〜9分蒸し焼きにすれば完成。

❷ 4のうち、犬の分を汁ごと器に入れる。

シジミ汁

〈材料〉

	2人分	犬(5kg/1頭分)
シジミ	150g	
水	400ml	150ml
味噌	大さじ2	−
昆布	5cm	

〈作り方〉

1 シジミを洗い、鍋に水(人用400ml+犬用150ml)、昆布とともに入れて、火にかける。沸騰したらアクを取り、昆布を取り出す。

❸ 1のゆで汁約120mlを②に加えて、粗熱が取れれば完成。

2 1の火を止めて味噌を溶かせば完成。好みで小ネギなどを散らしてもOK。

春の
昼・夜ごはん

FOR DOGS

ちらし寿司とハマグリのお吸い物

ハマグリのダシの
贅沢ごはん

春の節句に少し奮発。マグロやサーモンの刺身、卵焼きなど色鮮やかに散らして、ちらし寿司を作りましょう。この時期に濃厚なハマグリのお吸い物を添えて、香り豊かな春のごはんに。犬用の刺身は、ハマグリのお吸い物の汁でさっと火を通して、お腹に優しくするのがおすすめです。

FOR OWNERS

ちらし寿司

〈材料〉

		2人分	犬(5kg/1頭分)
マグロ、サーモン		適宜	計80g
キュウリ		3/4本	1/4本
卵		2個	
甘酒		大さじ1	
スナップエンドウ		6～7房	2房
ブロッコリースプラウト		少々	少々
こごみ(あれば)		4～5本	1本
A	米酢	大さじ3	－
	砂糖	大さじ2	－
	塩	小さじ1	－
ごはん		500g	－
大葉		5枚	1枚
白いりごま		小さじ1/2	ひとつまみ

〈作り方〉

1 ごはんを炊き、炊きたてにA(合わせ酢)を少しずつ切るように混ぜながら加える。大葉は刻む。

❶ 1の大葉から犬用を取っておく。

2 1の大葉と人用の白いりごまを、1の酢飯に加えて混ぜる。

3 卵2個に甘酒を加えて混ぜ、卵焼きを作る。マグロ、サーモン、キュウリ、卵焼きを約1cm角の角切りにする。

❷ 3からマグロ、サーモン、キュウリ、卵焼き(5～6個)を犬用に取っておく。

4 スナップエンドウ、こごみは下ゆでして水を切る。

❸ 4のスナップエンドウ、こごみから犬用を取っておく。

5 2の酢飯と3、4を器に盛り、ブロッコリースプラウトを散らして完成。

ハマグリのお吸い物

〈材料〉

	2人分	犬(5kg/1頭分)
ハマグリ	大2個	1個
水	400ml	150ml
昆布	5cm	
酒	大さじ1	－
塩	適宜	－

〈作り方〉

1 ハマグリは、貝どうしをこすり合わせて洗う。ボウルに水200ml(分量外)と塩小さじ1(分量外)を入れ、ハマグリを入れて1～2時間砂抜きする。

2 鍋に水(人用400ml＋犬用150ml)と昆布を入れて、ひと煮立ちさせる。1のハマグリを加えて弱～中火で煮て、沸騰してきたらアクを取る。

3 ハマグリの口が開いたら、昆布を取り出す。

❹ 3からハマグリ1個と煮汁150mlを犬用に取っておく。

4 3に酒を加えて味見をし、好みで塩を足せば完成。あれば、木の芽などを添える。

❺ 鍋に④と、②のマグロとサーモンを入れて軽く火を通し、犬用の器に移す。粗熱が取れたら、①、②のキュウリと卵焼き、③を加え、ブロッコリースプラウトを散らせば完成。

FOR DOGS

春の
昼・夜ごはん

鶏ゴボウの炊き込みごはん

良質なタンパク質と
食物繊維の組み合わせ

FOR OWNERS

鶏肉と春ゴボウは、アスリートにも人気の組み合わせ。鶏肉の良質なタンパク質が筋肉を作り、ゴボウの食物繊維が余分な脂肪を吸収し排出してくれます。家族の分は炊き込みごはんとして、犬の分はスープにして。付け合わせのシャキシャキのウドのサラダはリラックス効果も期待できます。

鶏ゴボウの炊き込みごはん

〈材料〉

		2人分	犬(5kg/1頭分)
鶏モモ肉		200g	–
鶏ササミ		–	60g
鶏レバー		–	20g
米		2合	–
ゴボウ		1/2本	3cm
えのき		1/2袋	少々
ごま油		小さじ1	–
砂糖		大さじ1/2	–
A	酒	大さじ1	–
	みりん	大さじ2	–
	しょうゆ	大さじ1/2	–
	ショウガ	1片	–
ショウガ		–	少々
昆布		約5cm	–

〈作り方〉

1 米は洗って30分水に浸し、しっかり水を切る。

2 鶏モモ肉はひと口大に切る。ゴボウはささがきにする。えのきは約1.5cmの長さに切る。

❶ 2のゴボウ、えのきから犬用を取っておく。犬用のショウガをすり下ろす。

3 フライパンにごま油を熱して、2の鶏モモ肉を炒める。鶏モモ肉の色が白っぽくなったら、2のゴボウ、えのきを加えて、さらによく炒める。

4 3に砂糖を加えて、全体に絡める。Aのショウガを千切りにし、Aをすべて加えて、2〜3分炒め煮にする。

5 4をザルにあげて、汁と具を分ける。炊飯器に汁のほうと1の米を入れ、水分が足りない分は水(分量外)を追加して規定量にする。具のほうと昆布を加えてさっくりと混ぜ、炊飯器のスイッチを入れる。

6 炊き上がったら、全体を上下に返して茶碗に盛れば完成。

ウドとニンジンのサラダ

〈材料〉

	2人分	犬(5kg/1頭分)
ウド	1本	少々
ニンジン	1/2本	3cm
甘酒味噌ダレ(P89参照)	適宜	–
白いりごま	小さじ1	小さじ1/3
昆布	–	1cm
水	–	150ml

〈作り方〉

1 ウドは約5cmに切り、厚めに皮をむいて細めの千切りにする。酢水(水200mlと酢小さじ1。分量外)に約10分浸けて、アク抜きする。

2 ニンジンは約5cmの長さの千切りにして、耐熱皿に入れ、600Wのレンジで1分半加熱する。

❷ 1のウド、2のニンジンから犬用を取っておく。

3 ボウルに1と2を入れ、甘酒味噌ダレ(市販のドレッシングでもOK)と合わせて混ぜる。

4 器に盛って、白いりごまを散らせば完成。

❸ 鍋にごく少量のごま油(分量外)を引き、鶏ササミ、レバー、①、②のウドとニンジンを加えて1〜2分炒める。150mlの水と昆布を加えて、5〜6分煮る。

❹ ③から昆布を取り出して器に盛り、粗熱が取れたら、白いりごまをのせて完成。

春の
昼・夜ごはん

イワシのハンバーグ

FOR DOGS

ほんのりおこげが食欲をそそる

FOR OWNERS

イワシと豆腐で作る、あっさりハンバーグ。イワシは包丁を使わなくても手でさばける、手軽な魚です。新タマネギで作る黒酢タマネギダレとの相性もバッチリ！　みずみずしいセロリと柑橘のサラダを合わせて、口直ししながら、ビタミン補給しましょう。

イワシのハンバーグ

〈材料〉

	2人分	犬(5kg/1頭分)
イワシ	6尾	2尾
大葉	6枚	1枚
木綿豆腐	1/3丁	大さじ1
大根	約5cm	大さじ1
ショウガ	1/2片	小さじ1/4(すりおろし)
味噌	小さじ1/2	–
黒酢タマネギダレ(P88参照)	大さじ4	–
キャベツ	2〜3枚	1/2枚
しめじ	1/2パック	3〜4本
アサツキ	適宜	–
塩	適宜	–
こしょう	適宜	–

〈作り方〉

1 イワシは手開きで3枚に下ろし、骨を取り除いて、包丁で細かく叩く。
※3枚下ろしされたものでもOK。

2 大葉は2枚を除いて刻む。ショウガと大根はすり下ろす。

❶ 2の大根下ろしから犬用を取っておく。

3 木綿豆腐はキッチンペーパー2枚で包み、耐熱皿にのせる。600Wのレンジで約2分加熱し、水切りをする。

4 ボウルに1、2の大葉とショウガ、3を入れ、よく練る。4分の1は犬用に取っておく。残りの4分の3に味噌を加えて再度練り、2等分して小判型のハンバーグにする。

❷ 犬用に取り分けたハンバーグも丸めておく。

5 キャベツはひと口大に切る。しめじは石突きを取る。

❸ 5のキャベツ、しめじから犬用を取っておく。

6 フライパンを熱して、5の人用のキャベツ、しめじをさっと炒める。塩、こしょうで軽く味付けして、器に盛る。

7 6のフライパンで4と②を両面色よく焼く。

8 7の人の分を6の器にのせ、黒酢タマネギダレをかけて大葉1枚と大根下ろしをのせれば完成。アサツキをのせてもOK。

セロリと柑橘のサラダ

〈材料〉

	2人分	犬(5kg/1頭分)
セロリ	1本	少々
文旦や甘夏などの柑橘	100g	1〜2房
レモン汁	小さじ1	–
オリーブオイル	大さじ2	–
塩	適宜	–
水	–	150ml

〈作り方〉

1 セロリは洗って、下のほうの白い部分はピーラーで筋を取り除く。2〜3mmの薄切りにし、葉は刻む。柑橘は皮をむいて、果肉のみを切り出す。

❹ 1のセロリ、柑橘から犬用を取っておく。

2 ボウルに1、レモン汁、オリーブオイルを入れて混ぜ、塩で味を調えれば完成(P89のレモンダレに代えてもOK)。

❺ 鍋に150mlの水を沸騰させ、③を入れて2〜3分煮込む。④のセロリを加えて、さっと1〜2分火を通す。

❻ ⑤を器に移し、粗熱が取れたら、7の犬用ハンバーグ、①、④の柑橘をのせれば完成。

FOR DOGS

たまには粉物を
ガブッと！

春の
昼・夜ごはん

豚のお好み焼き

FOR OWNERS

柔らかい春のキャベツと春菊をたっぷり使った、肝臓ケア効果も期待できるお好み焼き。家族には豚バラ肉で、愛犬には脂身少なめの豚モモ肉で作りましょう。小麦は、薬膳では「安神（あんしん）」＝情緒を安定させる効果があると言われています。たまの粉物に犬たちも喜んでくれるはず！

豚のお好み焼き

〈材料〉

	2人分	犬(5kg/1頭分)
豚バラ肉	120g	−
豚モモ肉	−	80g
キャベツ	4〜5枚	1/2枚
春菊	3本	1本
ヤマイモ	5cm	1cm
卵	2個	
桜エビ(あれば)	大さじ1	小さじ1
揚げ玉(あれば)	大さじ1	−
紅ショウガ(あれば)	大さじ1	−
薄力粉	110g	30g
ダシ汁	110ml	30ml
油	少々	−
お好みソース	適宜	−
マヨネーズ	適宜	−
青のり	適宜	ひとつまみ
カツオ節	適宜	ひとつまみ

〈作り方〉

1 ボウルに薄力粉を入れ、ダシ汁(水に顆粒ダシを溶いてもOK)を少しずつ加えて、泡立て器でダマにならないようによく混ぜる。

2 ヤマイモをすり下ろし、1に加えて、さらによく混ぜる。

3 キャベツは千切りにする。春菊はさっと下ゆでして、みじん切りにする。

4 2に溶いた卵、3のキャベツと春菊、桜エビを加えて、空気を入れるようにさっくりと混ぜ合わせる。

❶4から犬用を取っておく(体重5kgの場合はおたま1杯程度)。

5 4に揚げ玉、紅ショウガを加えて、さっくり混ぜる。

6 フライパンを熱して油を薄く引き、5の生地を流し入れて、厚さ1〜2cmになるよう平らに広げる。

7 豚バラ肉を6の上に、重ならないようにまんべんなく敷き詰める。

8 裏にこんがりと焼き色が付いたらひっくり返し、焼けた面にヘラかナイフで穴を空ける。反対面もキツネ色に焼けたらさらにひっくり返す。弱火にして、両面カリカリに焼く。

9 8が焼けたら器に盛り、好みでお好みソース、マヨネーズ、カツオ節、青のりなどをかけて完成。

❷ ①を耐熱皿に平らに伸ばし、豚モモ肉を広げてのせる。

❸ ふわっとラップをかけて、600Wのレンジで4分加熱する。ひっくり返して、さらに1分加熱する。粗熱が取れたら、青のり、カツオ節をのせて完成。
※フライパンで焼いてもOK。

食べやすく
切ってあげてね

春のスペシャルごはん

お花見弁当

ポカポカした春の休日には、家族みんなで弁当を持ってお花見へ。
こんなときには少し手間をかけて、おかずをいろいろ作りたいもの。
盛り付けには殺菌効果のある笹の葉を使って、
人用と犬用、それぞれの弁当箱に詰めましょう。
イチゴを添えると見た目も華やかに！

味付け以外
おかずはほぼ同じ！

FOR OWNERS

アスパラ巻き

〈材料〉

	2人分	犬(5kg/1頭分)
牛モモ薄切り肉	3枚	2枚
アスパラガス	3本	2本
米粉(なければ小麦粉)	適量	
しょうゆ	大さじ1	–
油	適量	

〈作り方〉

1 アスパラガスは根元を1cm弱切り落とし、根元から4〜5cmの皮をピーラーでむく。切らずに1〜2分ゆでるか、全体を濡らしてラップをふわっとかけ、600Wのレンジで1分加熱する。

2 牛モモ薄切り肉3枚を縦長に広げ、少し重ねながら並べる。

3 1のアスパラガス3本を2の手前側にのせて、しっかりと巻く。

4 牛モモ薄切り肉2枚とアスパラガス2本を使って、犬用も同様に巻く。

5 3と4に米粉をまぶして、はたく。

6 フライパンに油を薄く引いて熱し、5を巻き終わりを下にしてフライパンに入れ、焼く。途中で転がしながら、焼き色を付ける。

7 全体に火が通ったら犬用だけフライパンから取り出し、余分な油をキッチンペーパーで拭き取る。フライパンに残した人用のアスパラ巻き全体にしょうゆを回しかけ、つやが出るまで強火で絡める。

8 それぞれ適当な長さに切れば完成。

おにぎり

〈材料〉

	2人分	犬(5kg/1頭分)
ごはん	適量	
焼きのり	適宜	

〈作り方〉

1 ごはんを炊く(写真は白米2合+あずき大さじ2で炊いたもの)。

2 人用は手に塩(分量外)を取って俵型に握り、焼きのりを巻いて完成。犬用は2〜3cmの団子型に握れば完成。

菜の花

〈材料〉

	2人分	犬(5kg/1頭分)
菜の花	3〜4本	

〈作り方〉

1 鍋に水(分量外)を沸騰させ、洗った菜の花を3分ほどゆでる。

2 冷水に取って、よく絞り、食べやすく切れば完成。人用は好みでしょうゆなどをかけて食べる。

イワシの紫蘇はさみ焼き

〈材料〉

	2人分	犬(5kg/1頭分)
イワシ	2尾	
大葉	4枚	
油	適量	

〈作り方〉

1 イワシは手開きで3枚に下ろし、骨を取り除く。半身の4枚のうち3枚は横半分に切り、1枚は犬用に4分の1に切って、水気をしっかり拭き取る。

2 大葉3枚は縦に半分に、1枚は犬用に縦に4分の1に切る。こちらも水気をしっかりと拭き取る。

3 1で半分に切ったイワシには軽く塩こしょう(分量外)を振り、2で半分に切った大葉で挟む。

4 1で4分の1に切った犬用のイワシは、2で4分の1に切った大葉で巻く。

5 フライパンに油を薄く引いて熱し、3と4を両面焼き色がつくまで、中火で約5分焼く。キッチンペーパーにのせて余分な油を取れば完成。

卵焼き

〈材料〉

	2人分	犬(5kg/1頭分)
卵	4個	
甘酒	大さじ4	
塩麹	小さじ1	
パセリ	少々	

〈作り方〉

1 ボウルに卵を割り入れ、卵白を切るように溶く。

2 パセリはみじん切りにする。1のボウルにパセリ、甘酒、塩麹を入れて、切るように混ぜる。

3 卵焼き用のフライパンで、2を4〜5回に分けて流し入れて焼いては巻く。

4 3を巻きすで巻いて、形を整える。巻きすがなければ、キッチンペーパーで巻いてなじませる。

5 適当な大きさに切れば完成。

桜寒天

〈材料〉

	2人分	犬(5kg/1頭分)
甘酒	300ml	
粉寒天	6g	
桜パウダー	ひとつまみ	
水	100ml	

〈作り方〉

1 鍋に甘酒200mlを入れ、粉寒天3gを加えてよく混ぜる。火にかけて沸騰させ、弱火で2分ほど加熱する。

2 1の粗熱が取れたら、冷める前にバット(プラスチック容器や牛乳パックでもOK)に移し、2時間ほど冷まし固める。

3 鍋に残りの甘酒100ml、水100ml、桜パウダーを入れ、粉寒天3gを加えてよく混ぜる。火にかけて沸騰させ、弱火で2分ほど加熱する。

4 3の粗熱が取れたら、2の上に流し入れて、さらに冷まし固める。適当な大きさに切れば完成。

ササミの梅巻き

〈材料〉

	2人分	犬(5kg/1頭分)
鶏ササミ	2本	
梅干し	1個	
大葉	2枚	

〈作り方〉

1 鶏ササミはキッチンペーパーで水気を取り、ラップをかけて上からコップの底などで叩いて、薄く伸ばす。

2 梅干しは種を外し、包丁で叩いてペースト状にする。

3 1のうちの1本に、2の5分の4を薄く伸ばして塗る。軽く塩こしょう(分量外)をして、大葉をのせてくるくる巻き、ぴっちりラップでくるむ。

4 1のもう1本は犬用に、2の5分の1を塗る。塩こしょうなしで大葉を巻いて、ラップでくるむ。

5 3、4を耐熱皿にのせて、500Wのレンジで6分加熱するか、蒸し器で10分蒸す。

6 粗熱が取れたら、適当な大きさに切れば完成。

イチゴ寒天

春が旬のイチゴは、肝のたかぶりを抑えて春のイライラを防止する効果が期待できます。アーモンドミルクと合わせて、血行促進も。

〈材料〉約12×20×4cmのバット1個分

	人	犬
イチゴ	5〜6個	
アーモンドミルク	150ml	
水	150ml	
粉寒天	3g	
ハチミツ（もしくはメープルシロップ）	適宜	−

〈作り方〉

1. イチゴはヘタを取り、洗って水気を拭き取る。
2. 鍋にアーモンドミルクと水を入れ、粉寒天を加えてよく混ぜる。火にかけて沸騰させ、弱火で2分ほど加熱する。
3. 2の粗熱が取れたら、冷める前にバットかプラスチック容器に流し入れ、イチゴを並べる。
4. 冷蔵庫で15〜30分冷やすか、常温で2時間ほど冷まして、固める。
5. 適当な大きさに切れば完成。犬用にはそのまま、人用にはハチミツやメープルシロップをかけて。

よもぎ蒸しパン

よもぎは昔から重宝されている、万能薬草。
麹あんこと合わせれば、
砂糖を使わなくても家族と愛犬が一緒に楽しめます。

〈材料〉約5cmのカップ4個分	人	犬
よもぎ粉	大さじ2	
米粉（もしくは薄力粉）	100g	
ベーキングパウダー	小さじ2	
豆乳（もしくは牛乳）	100ml	
麹あんこ（P140参照）	小さじ4	

〈作り方〉

1. ボウルによもぎ粉、米粉、ベーキングパウダーを入れて、よく混ぜる。豆乳を少しずつ入れて、さらによく混ぜる。
2. 1を紙製カップに、それぞれ半分ぐらいまで入れる。
3. 2の上に麹あんこを小さじ1ずつのせる。
4. 3を蒸し器（深鍋と皿を使ってもOK）に入れて、12〜13分蒸せば完成。

シェアごはんのファーストステップ

愛犬にごはんを手作りするのが初めてという人は、まずは一部の食材を家族とシェアして、
いつものフードにトッピングしてあげるところから始めてみては？
家族のごはんやパンにも合う、簡単でおいしいトッピングレシピを紹介します。

酢納豆

いつもの納豆に酢を加えることで、カルシウムの吸収がアップ。
愛犬のごはんのトッピングと共有するなら、ひきわり納豆がおすすめです。

酢納豆

いつものフード

〈材料〉1人分＋犬（5kg/1頭）分

ひきわり納豆 … 1パック
リンゴ酢 … 大さじ1

〈作り方〉

1 納豆にリンゴ酢を入れて、よく混ぜる。

2 犬用を取り（体重5kgの場合は小さじ1）、いつものフードにトッピングすれば犬用が完成。

3 1の残りに納豆のタレを加えて混ぜ、ごはんにかければ人用が完成。

One Point

酢と納豆の相乗効果を期待！

納豆にも酢にも、それぞれに体にとって嬉しい栄養素が詰まっており、酢と納豆が一緒になることで相乗効果が生まれます。特に、納豆に含まれる豊富なミネラルは、酢と合わせることでぐっと吸収が上がるものも。毎日の食卓のレギュラーに、そして犬のごはんのデイリーのトッピングに取り入れて、腸を整え、貧血の予防をしましょう。

ヤマイモ卵

ヤマイモと卵は定番の名コンビ。ヤマイモのネバネバは、胃腸の粘膜を保護したり、
胃の働きをサポートしたりする働きが期待できます。

〈材料〉1人分+犬(5kg/1頭)分

ヤマイモ(もしくはナガイモ)
… 5cm弱(80g)
鶏卵 … 1個(人用)
うずら卵 … 1個(犬用)
刻みのり … 適宜

〈作り方〉

1 ヤマイモはすり下ろす。

2 鶏卵とうずら卵を黄身と白身に分ける。

3 いつものフードに、**1**のヤマイモ大さじ1/2と**2**のうずら卵の黄身をのせて、刻みのりを散らせば犬用が完成。

4 ごはんに**1**のヤマイモと**2**の鶏卵の黄身をのせて、刻みのりを散らせば人用が完成。

※卵の白身は味噌汁やスープに入れたり、600Wのレンジで1分加熱してトッピングしたりして使用できます。

One Point

生で食べて消化をサポート

ヤマイモは「山のウナギ」とも呼ばれ、昔からスタミナ食材として用いられてきた、生で食べられる珍しいイモです。消化酵素のジアスターゼを含んでおり、生で食べることで消化のサポートになります。ただし、胃腸が弱っている犬や不安定な季節には、少し温めて食べるのがおすすめ。

フルーツヨーグルト

ヨーグルトは水を切ることでクリーム状になり、使い方の幅が広がります。
まとめて作って密閉容器に入れれば、冷蔵庫で5日ほど保存できます。

〈材料〉1人分＋犬(5kg/1頭)分

プレーンヨーグルト … 適量
好みの果物 … 適量
ハチミツ(もしくはメープルシロップ)
… 適量(人用)

〈作り方〉

1. ボウルの上に、ボウルから浮くようにザルをセットし、ザルにキッチンペーパーを敷く。
2. 1のキッチンペーパーにヨーグルトを入れ、ラップをして冷蔵庫で1晩水切りする。
3. 2のザルに残った水切りヨーグルト小さじ1と好みの果物を、いつものフードにトッピングすれば犬用が完成。
4. 水切りヨーグルトをパンに塗り、好みの果物をのせて、ハチミツやメープルシロップなどで甘みを付ければ人用が完成。

One Point

老若男女におすすめのホエイ

ヨーグルトを水切りしたときに分離した水分「ホエイ」は、別名「飲む美容液」とも呼ばれ、高い栄養価を誇ります。犬には水分補給やごはんにかけたり、家族にはハチミツと合わせてドリンクにしたり、塩揉みした野菜の浅漬けの汁にしたり、ホットケーキの牛乳代わりに使って低脂質にしたり、いろいろ活用できます。

納豆ヨーグルト

甘酸っぱいヨーグルトと意外と合うのが、納豆。
どちらも発酵食品で整腸作用が期待できるほか、それぞれ嬉しい栄養成分がいっぱい！

〈材料〉1人分＋犬(5kg/1頭)分

プレーンヨーグルト … 適量
納豆 … 1パック
大葉 … 1枚

〈作り方〉

1. 大葉を細かく刻み、納豆に混ぜる。
2. P48で作った水切りヨーグルト小さじ1と1の犬の分（体重5kgの場合は小さじ1）を、いつものフードにトッピングすれば犬用が完成。
3. 1の残りに納豆のタレを加えて混ぜる。
4. 水切りヨーグルトをパンに塗り、3をのせて、トースターで軽く焼けば人用が完成。

One Point

ダブルの菌で腸活朝ごはん

ヨーグルトには、体に潤いを与え、肺を元気にし、腸を整える役割があると言われます。ひと手間かかりますが、水切りすることで食べ方の幅が広がります。犬には中に薬を隠して飲ませるのにも使えるし、家族には塩麹と合わせると低カロリーのチーズ風になります。納豆と合わせると、納豆菌と乳酸菌で腸活に！

自家製ふりかけ

乾物をミックスした自家製ふりかけは、人用のダシや犬用のごはんの風味付けに。
ミネラル補給や代謝アップ、免疫サポートなど期待できる効果もいろいろ！

〈材料〉1人分＋犬（5kg/1頭）分

カツオ節 … 1袋（5g）
干ししいたけ（もしくは干しまいたけ。P138参照）… 10g
乾燥昆布 … 2〜3cm
桜エビ … 小さじ2

〈作り方〉

1 カツオ節、干ししいたけ、乾燥昆布を適当な大きさに切ってまとめてブレンダーなどにかけ、粉末にする。

2 1と桜エビ小さじ1をいつものフードにトッピングすれば犬用が完成。

3 1と桜エビの残りをごはんにトッピングすれば人用が完成。

※ふりかけを多めに作ったら、冷凍で1カ月ほど保存できます。

One Point

余った乾物を粉末にするだけ

煮干し、カツオ節、干しきのこ、桜エビ、昆布、のりなど、ダシになるものが合体すると、さらに旨味が増します。犬にはふりかけの他、スープに足したり、水に少し混ぜて水分補給に使ったり。家族には、焼きそばや味噌汁、炒め物などに少し加えるだけで、いつもより深みのある味になります。

\我が家の/
ごはん事情❷

季節を楽しむことが丈夫な体を作る

日々ざっくりとしている我が家の手作りごはんですが、大切にしていることはあります。

そのうちの一つが、季節のケアを常に意識すること。旬の食材には、その季節ごとに必要な有効成分がたっぷり含まれます。1年中手に入るニンジンであっても、旬の時期の栄養価はぐっと上がります。これは犬たちにとっても、わたしたちにとっても同じことです。

わたしが子どものころのおやつは、ほとんどが母の手作りでした。当時は既製の袋菓子やチョコレートが羨ましく、学校から帰ってサツマイモの揚げたものが用意されていると、不機嫌になったりもしていました。今振り返ると、春には桜色の蒸しパン、夏はスイカのゼリー、秋はなぜかマドレーヌ、冬はサツマイモと、季節ごとのおやつが思い出されます。

ごはんも常に野菜多めで、子どもにとってはあまり嬉しくはなく……。出されたごはんを残すことは許されない家庭だったので、苦行のようにがんばって食べた記憶があります。でも、きっとそんな子ども時代の食生活のおかげで、わたしの取り柄は、そこそこ丈夫であること、病気とほとんど縁がないこと。今となっては、感謝と少し甘酸っぱい思い出です。

我が家の犬たちのごはんにも、野菜は多めに使います。犬たちは、わたしの子どものころのように「野菜かぁ〜、いらないなぁ〜」と思っているかどうかはわかりませんが、ゴーヤでも春菊でも何でも、ガツガツ吸い込むように食べてくれます。

季節の不調は、その季節の前の食生活に大きく影響されると感じています。

老犬タオは、ひどい皮膚疾患の状態で我が家にやってきました。両耳ともに中から腫れ上がり、耳の穴がどこかもわからない。お腹は真っ赤でブツブツ、かゆくてかゆくてお腹を床にこすりつけて掻いていました。1年かけて食事療法に取り組み、薬に頼ることなくかゆくない毎日を送れるようになりましたが、やはり蒸し暑い夏は、多少かゆみが発生します。そのかゆみの程度は、梅雨の湿気逃しができたかどうかに左右され、うっかりサボるとひどいことになります。症状が出ていないと、ついつい忙しさを理由に季節のケアを後回しにしてしまいますが、結果、夏に後悔させられます。

季節を大事にすること、できるだけ体に優しい食材を口にすること。毎日適当だったり、雑だったりもするごはんですが、気持ちを込めて、犬たちと一緒に季節を楽しんでいます。

TSUYU
Recipe

梅雨のレシピ

北海道以外の日本全土に長期間雨が降り続く、梅雨。生きていくために水が必須である動植物にとっては、大切な恵みの雨です。一方で、湿度の高さがつらく、体調を崩しやすい時期でもあります。さっぱりしていながらもスタミナ抜群のレシピで、だるさを吹き飛ばしましょう！

梅雨に取り入れたい食材って？

ジメジメの湿気がたまる梅雨は、人にも犬にもわずらわしい季節です。
湿気が体にたまることで消化器系が影響を受けてしまうため、胃腸を労わる食材を取り入れましょう。

1 水分代謝をよくする

梅雨には体内の水分代謝が悪くなることで、むくみ傾向になります。水が溜まってむくんでいる箇所は冷えやすく、関節なども痛めやすくなってしまいます。利水作用の高い食材で水分の流れをよくすることで、水分代謝を促すと、不快感の軽減にもつながります。

例えばこんな食材

トウモロコシ、緑豆モヤシ、トウガン、
あずき、ハトムギ など

2 湿気を取り除く

湿度は重く、粘りがあり、滞りやすいという特徴があり、体に停滞しやすいものです。特に犬の体は被毛で覆われているため、より湿気が抜けにくくなってしまいます。湿気が滞ることで、菌がわきやすく炎症傾向に陥りやすいため、膀胱炎などの引き金となることがあります。

例えばこんな食材

パクチー、大葉、ミント、トウモロコシのひげ など

香りや発汗性の
ある食材

3 胃腸をサポートする

むくんだり湿気が滞ったりすると、胃腸の働きが悪くなることで、食べムラや消化不良が起きやすくなります。そうなると、下痢や嘔吐を起こしやすいため、胃腸に優しい食材で労わりましょう。また、食物繊維の多い食材で腸内環境を整えるのもおすすめ。生は避けて、すべての食材に火を通しましょう。

例えばこんな食材

サヤインゲン、カボチャ、ヤマイモ、エダマメ、
脂質の少ない肉や魚 など

梅雨におすすめの食材

この時期に旬を迎えるものや、旬の体のケアに役立つものなど、梅雨の時期に家族と愛犬で積極的に食べたい食材を紹介します。いろいろな食材をローテーションしながらごはんを作る中に、これらの食材も組み込んで、季節を楽しみながらケアしましょう。

野菜

トウガン

オシッコの出が悪い、水太りの犬に与えたい。余分な熱も取り除いてくれるので夏にもおすすめ。冷えが強い犬には控えめに。

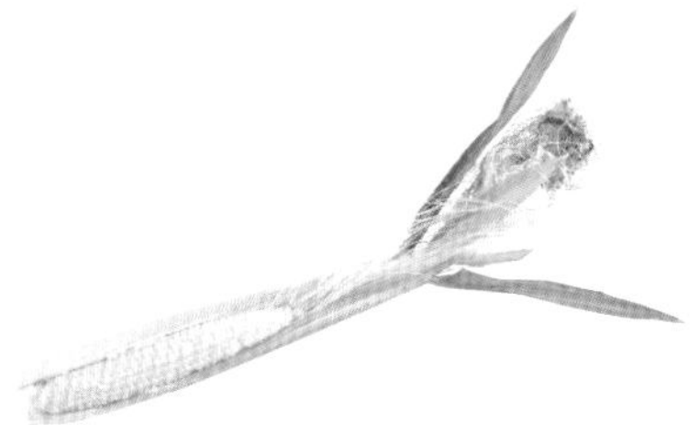

ベビーコーン

さやの中にたっぷりのひげを蓄えており、このひげごと食べることで、除湿や利水がぐっと高まる。梅雨には必須。

エダマメ

「畑の肉」と言われるほど、良質なタンパク源。胃腸を元気にし、肝機能をアップ。余分な熱を取り除く効果も期待できる。

緑豆モヤシ

余分な熱を取り除き、老廃物や毒素を取り除く。黒豆モヤシや大豆モヤシなどもあるが、この時期は緑豆モヤシがおすすめ。

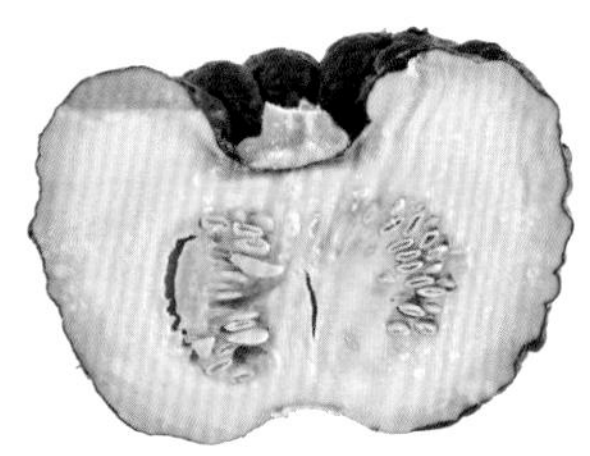

カボチャ

緑色の皮には多くの栄養が含まれるが、軟便がちな犬には控えめに。ホルモン調整役のビタミンEも豊富。

サヤインゲン

この時期の胃腸の不調にはこれ！　体に溜まった湿を取り除くと言われている。梅雨から夏にかけてぜひ。

肉・魚介

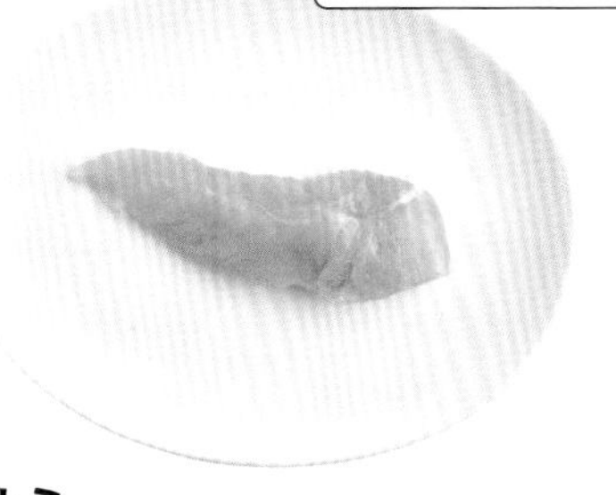

アジ
青魚の中では脂質が少なめ。胃を温めて、消化の促進や食欲不振の改善に。豊富なDHAが脳の働きを活発にしてくれる。

鶏ササミ
鶏肉の中でもっとも高タンパクで低脂質。ほぐれやすく、消化に優しい。胃腸を温める効果が期待でき、下痢の改善にもおすすめ。

トッピング、その他

ミント
殺菌効果抜群のメントールを含む。ペパーミントには消化を助ける効果が期待される。加熱しすぎると効果が激減するので生で。

パクチー
独特の香りには、消化不良の改善や食欲増進効果があるとされ、殺菌作用もある。生にはビタミンが豊富なので、生で少量を与えよう。

大葉
高い殺菌力があり、冷えの改善にも効果的。赤紫蘇にはアレルギーを緩和する成分が多く含まれる。

あずき
煮汁には利水、解毒、消炎などの作用があるとされ、むくみや皮膚の炎症改善などの効果が期待できる。

オートミール
胃腸を元気にし、バランスのよい食物繊維が腸内環境を整えてくれる。皮膚や粘膜を整える亜鉛も豊富に含まれる。

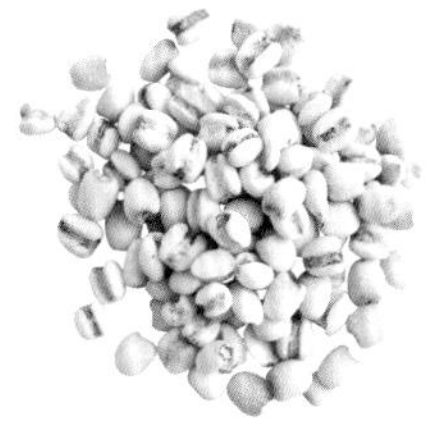

ハトムギ
「イボ取りの麦」として知られ、排膿効果が期待されるので、皮膚トラブル時に。体内の余分な熱取りにも効果があるとされる。

梅雨の朝ごはん

オートミール雑炊

材料を器に入れて電子レンジにかけるだけ、洗い物は器のみのオートミール雑炊は、時間のない朝にぴったり！　しかも、オートミールは白米と比べて低糖質で高食物繊維、鉄分やカルシウム、ビタミンB1など栄養豊富。カロリーは低めなので、体重を増やしたくない子にもおすすめです。

朝から鉄分補給で元気いっぱい！

FOR DOGS

〈材料〉

		1人分	犬(5kg/1頭分)
オートミール		30g	8g
ミニトマト		5〜6個	2個
卵		1個半	1/2個
A	味噌	小さじ1	−
	しょうゆ	小さじ1/2	−
	豆乳(もしくは水)	60ml	−
ヤギミルク(もしくは豆乳か水)		−	30ml
豆板醤(あれば)		小さじ1/4	−
大葉(あれば)		1枚	1枚
ごま油		小さじ1	−
刻みのり		少々	少々
鶏ササミ		−	1本

〈作り方〉

❶ 耐熱容器に鶏ササミと水大さじ1(分量外)を入れて、ふわっとラップをかけ、600Wのレンジで2分加熱する。

1 ミニトマトはヘタを取り、つまようじで穴を空ける。大葉は刻む。

❷ **1**のミニトマト、大葉から犬用を取っておく。

2 耐熱容器に**A**をすべて入れてよく混ぜる。

3 **2**に人の分のオートミール、**1**のミニトマト、豆板醤を入れて、ふわっとラップをかけ、600Wのレンジで2〜3分加熱する。

❸ 耐熱容器に犬の分のオートミール、②のミニトマト、ヤギミルクを入れる。ふわっとラップをして、600Wのレンジで1〜2分加熱し、軽く混ぜる。

4 卵をよく溶き、卵1個半を**3**に加えて、ふわっとラップをし、600Wのレンジでさらに1分加熱する。

❹ **4**の残りの卵を③に加えて、ふわっとラップをし、600Wのレンジでさらに1分加熱する。

5 **4**のミニトマトをつぶしながら、よく混ぜて器に盛る。**1**の大葉、刻みのりをかけ、ごま油を好みの量回しかけて完成。

❺ ④に①の鶏ササミをほぐして混ぜ、器に盛って、②の大葉、刻みのりをかけて完成。

梅雨の昼・夜ごはん

アジと薬味のちらし寿司

犬たちにも人気のサツマイモ入り

梅雨に旬を迎えるアジには、胃を温める働きがあると言われています。お腹が冷えているときや、胃の働きが悪く食べムラのある犬にもおすすめ。家族は大葉や甘酢と一緒に食べて、さらに消化サポートを促進。味噌汁のサツマイモが食欲をアップさせてくれます。

アジと薬味のちらし寿司

〈材料〉

		2人分	犬(5kg/1頭分)
アジ(刺身用の3枚下ろし)		2尾分	1尾分
キュウリ		1・2/3本	1/3本
大葉		9枚	1枚
ミョウガ		1個	–
甘酢ショウガダレ(P89参照)		適宜	–
ごはん		茶碗2杯分	
A	米酢	40ml	
A	砂糖	大さじ1・1/2	
A	塩	小さじ1/4	

〈作り方〉

❶ 犬用のアジは骨を取り除いてひと口大に切る。

1 人用のアジは塩(分量外)を少々振って、冷蔵庫で約30分置く。

2 1をひたひたの米酢(分量外)に約30分浸け、骨を取り除いてひと口大に切る。

3 Aをすべて合わせてよく混ぜ、炊きたてのごはんに少しずつ切るように混ぜながら加えて、粗熱を取る。

❷ 3の酢飯から犬用を少し取っておく(なしでもOK)。

4 キュウリは薄切りにし、人用は塩水(分量外)に浸けて絞る。ミョウガ、大葉は洗って千切りにし、水気を切る。

❸ 4の薄切りにしたキュウリと、千切りにした大葉から、犬用を取っておく。

5 3の酢飯を器に盛り、2、4をのせ、甘酢ショウガダレをかければ完成。

サツマイモの味噌汁

〈材料〉

	2人分	犬(5kg/1頭分)
サツマイモ	1/3本	約2cm
サヤインゲン	3本	1本
味噌	大さじ2	–
水	400ml	150ml
根昆布	4cm	

〈作り方〉

1 鍋に水(人用400ml+犬用150ml)と根昆布を入れて、沸騰させる。

2 サツマイモはよく洗い、皮付きのまま輪切りにする。サヤインゲンは2cmほどの長さに切る。

3 1にサツマイモを入れて2〜3分煮る。サヤインゲンを加えて、さっとゆでる。

❹ 3から犬の分のダシ汁150ml、サツマイモ、サヤインゲンを犬用の鍋に移す。

4 火を止めて根昆布を取り出し、味噌を溶かせば完成。

❺ ④に①を入れて、2分ほどさっと火を通す。

❻ 粗熱が取れたら器に盛り、②、③を加えれば完成。

FOR DOGS

梅雨の
昼・夜ごはん

モヤシとインゲン卵のせ

利水作用の高い食材で体の除湿

湿度が高く、ムシムシと不快指数が高めの日におすすめのごはん。モヤシ、トウガン、ベビーコーンという利水効果バツグンのトリオで、体内の水の流れをよくし、除湿をサポートします。ベビーコーンはヒゲを捨ててしまわず、ヒゲごと一緒に食べるのがポイント！

モヤシとインゲン卵のせ

〈材料〉

	2人分	犬(5kg/1頭分)
モヤシ	1袋	ひとつまみ
サヤインゲン	7〜8本	1本
卵	4個	1個
カツオ節	1パック	少々
塩	適宜	–
こしょう	適宜	–
バター	大さじ1	–
鶏胸肉	–	80g

〈作り方〉

1 サヤインゲンは軽く下ゆでするか、600Wのレンジで約1分加熱する。モヤシはひげ根を取り除いて水で洗い、水気を切る。

❶ 犬用のサヤインゲンとモヤシは細かく刻む。鶏胸肉はひと口大に切る。

2 フライパンに油(分量外)を引いて、1の人用のサヤインゲンとモヤシをさっと炒める。塩こしょうで味を調えて、器に移す。

3 人用の卵を割り、少し塩を入れてよく溶く。

❷ 犬用の卵を溶く。

4 2のフライパンにバターを入れてよく熱し、3を一気に流し入れる。固まる前に軽くかき混ぜて、半熟になったら2にのせ、カツオ節をかければ完成。

❸ 4のフライパンに②を流し入れ、半熟にして取り出す。

トウガンのスープ

〈材料〉

	2人分	犬(5kg/1頭分)
トウガン	200g	50g
豆乳	200ml	50ml
白味噌(なければいつもの味噌)	大さじ1・1/2	小さじ1/6
黒こしょう	適宜	–
水	–	80ml

〈作り方〉

1 トウガンはスプーンで種とワタを取り、皮をむいて、すり下ろす。

2 鍋に1と豆乳を入れ、火にかけて温める。

❹ 犬用の鍋に2を80mlほど移し、水80mlを足して、火にかける。①の鶏胸肉を入れて、5分ほど煮る。①のサヤインゲンとモヤシ、犬の分の白味噌(ドライフードにトッピングする場合は入れない)を加えて、軽く火を通す。

3 火を止め、白味噌を入れてよく溶かす。器に移して、好みで黒こしょうを振れば完成。

ベビーコーンのグリル

〈材料〉

	2人分	犬(5kg/1頭分)
ベビーコーン	4本	1/2本
塩	適宜	–
オイル	適宜	–

〈作り方〉

1 ベビーコーンはさっと洗って、先端に出ている硬いヒゲを切り落とす。包葉ごと魚焼きグリルに入れ、うっすら焦げ目がつくまで焼く。

❺ 1のベビーコーンのうち、犬用を薄切りにする。

2 1の人用のベビーコーンを器に移し、包葉に縦に包丁を入れて開き、好みで塩とオイルを振れば完成。

❻ ④の粗熱が取れたら、③、⑤、カツオ節を加えれば完成。

梅雨の
昼・夜ごはん

豚肉の梅肉蒸しと豆ごはん

梅と豚肉で
梅雨の体もスッキリ

梅雨時季には欠かせない食材が、梅。薬膳では、梅は血管を柔らかくし、リンパ腺の働きをよくすると言われていて、梅雨に湿度で詰まりがちなリンパを流す効果が期待できます。さらに、クエン酸の豊富な梅干しと、ビタミンB1を多く含む豚肉は、最強の疲労回復コンビ！

豚肉の梅肉蒸し

〈材料〉

		2人分	犬(5kg/1頭分)
豚ロース薄切り肉		200g	–
豚モモ薄切り肉		–	80g
長ネギ		2本	–
梅干し		3〜4個	少々
大葉		4枚	1枚
A	酒	大さじ1	–
	水	大さじ1	–
	みりん	大さじ1/2	–
	しょうゆ	大さじ1/2	–

〈作り方〉

1 梅干しは種を外す。大葉をちぎり、梅干しと合わせて包丁で叩く。

❶ 1から、小指の爪程度を犬用に取っておく。

2 1にAをすべて合わせて、ペーストにする。

3 豚ロース薄切り肉に2を薄く塗り、ミルフィーユのように重ねていく。

4 耐熱皿に3を縦向きにのせ、ふわっとラップをかけて、600Wのレンジで8分加熱する。

5 長ネギの白い部分を約5cmの長さに切り、千切りにして水にさらし、白髪ネギを作る。

6 皿に5を敷き、4の汁を回しかけて、肉をのせれば完成。

豆ごはん

〈材料〉

	2人分	犬(5kg/1頭分)
エンドウマメ	サヤ付きで200g	
米	2合	–
酒	大さじ1	–
塩	大さじ1	–
根昆布	約5cm	–
水	450ml	150ml

〈作り方〉

1 米は洗って、30分ほど水に浸けておく。

2 エンドウマメはサヤから出して、さっと洗う。

3 鍋に水(人用450ml＋犬用150ml)を沸騰させ、2を入れて4〜5分ゆでて、鍋ごと冷ます。

❷ 3からエンドウマメ大さじ1、ゆで汁150mlを犬用に取っておく。

4 1の米の水気を切って炊飯器に入れ、3のゆで汁のうち400ml、酒、塩を加えてさっくり混ぜ、根昆布をのせて炊く。

5 炊き上がったら、3のエンドウマメの水気をよく切って加え、混ぜれば完成。

カボチャの味噌汁

〈材料〉

	2人分	犬(5kg/1頭分)
カボチャ	150g	少々
なめこ	1袋	少々
味噌	大さじ2	–
水(もしくはダシ汁)	400ml	–

〈作り方〉

1 カボチャは薄切りにする。なめこは水で洗う。

2 鍋に水400mlを沸騰させて、1のカボチャを入れ、2〜3分ゆでて火を通す。

3 1のなめこを加えて、さっと火を通す。

❸ 3のカボチャとなめこをおたま半分ぐらい、犬用に取っておく。

4 火を止めて、味噌を溶かせば完成。

❹ 鍋に②のゆで汁150mlと水50ml(分量外)を沸騰させ、豚モモ薄切り肉を入れて、3〜4分ゆでる。

❺ ②のエンドウマメ、③を加えて、さらに1分ほどゆでる。粗熱が取れたら、①を加えれば完成。

キウイとヨーグルトのシャーベット

ムシムシベタベタする梅雨時季のおやつに、爽やかな酸味のさっぱりシャーベット。犬に与えるときは、少し溶かして常温に近づけてからあげましょう。

〈材料〉2杯分

	人	犬
キウイフルーツ	2個	
ヨーグルト	100g	
レモン汁	小さじ1	
メープルシロップ	小さじ2	
ミント（飾り用）	適宜	

〈作り方〉

1. キウイフルーツはすり下ろして、レモン汁と合わせ、冷凍用ジッパー付きビニール袋に入れる。
2. ヨーグルトとメープルシロップを合わせてよく混ぜ、冷凍用ジッパー付きビニール袋に入れる。
3. **1**、**2**を冷凍庫に入れて、2〜3時間後に袋の上から揉み、さらに2〜3時間冷凍庫で凍らせておく。
4. 食べる直前に、2つの袋の中身を好みの配分で混ぜて器に盛り、ミントを飾れば完成。犬用は室温で少し溶かすか、水を少量足して温度を上げてから与える。

カボチャぜんざい

朝晩はひんやりするけれど、昼間はジトジトする日のおやつに。
ほんのり甘く温かいカボチャと、
利水効果の高いあずきの組み合わせで、ほっとひと息。

〈材料〉2杯分

	人	犬
カボチャ	200g	
ココナッツミルク	200ml	
水	150ml	
麹あんこ（P140参照）	適宜	

〈作り方〉

1. カボチャは種を取って、ひと口大に切る。
2. 鍋に水と1のカボチャを入れて沸騰させ、柔らかくなるまで5分ほどゆでる。
3. 2にココナッツミルクを加えてひと煮立ちさせたら、ブレンダーなどでペースト状にする。
4. 器に移し、好みの量の麹あんこをのせれば完成（人用には麹あんこ多めで、犬用にはよく冷まして麹あんこは小さじ1程度）。

SUMMER Recipe

夏のレシピ

年々暑さが厳しくなる夏は、冷たい食べ物やからい食べ物、みずみずしい夏野菜や果物がおいしい季節。また、暑さだけでなく、室内にいるときの冷房での冷えや、外と中との温度差も、体に影響します。代謝を上げて、健康に夏を乗り切りましょう！

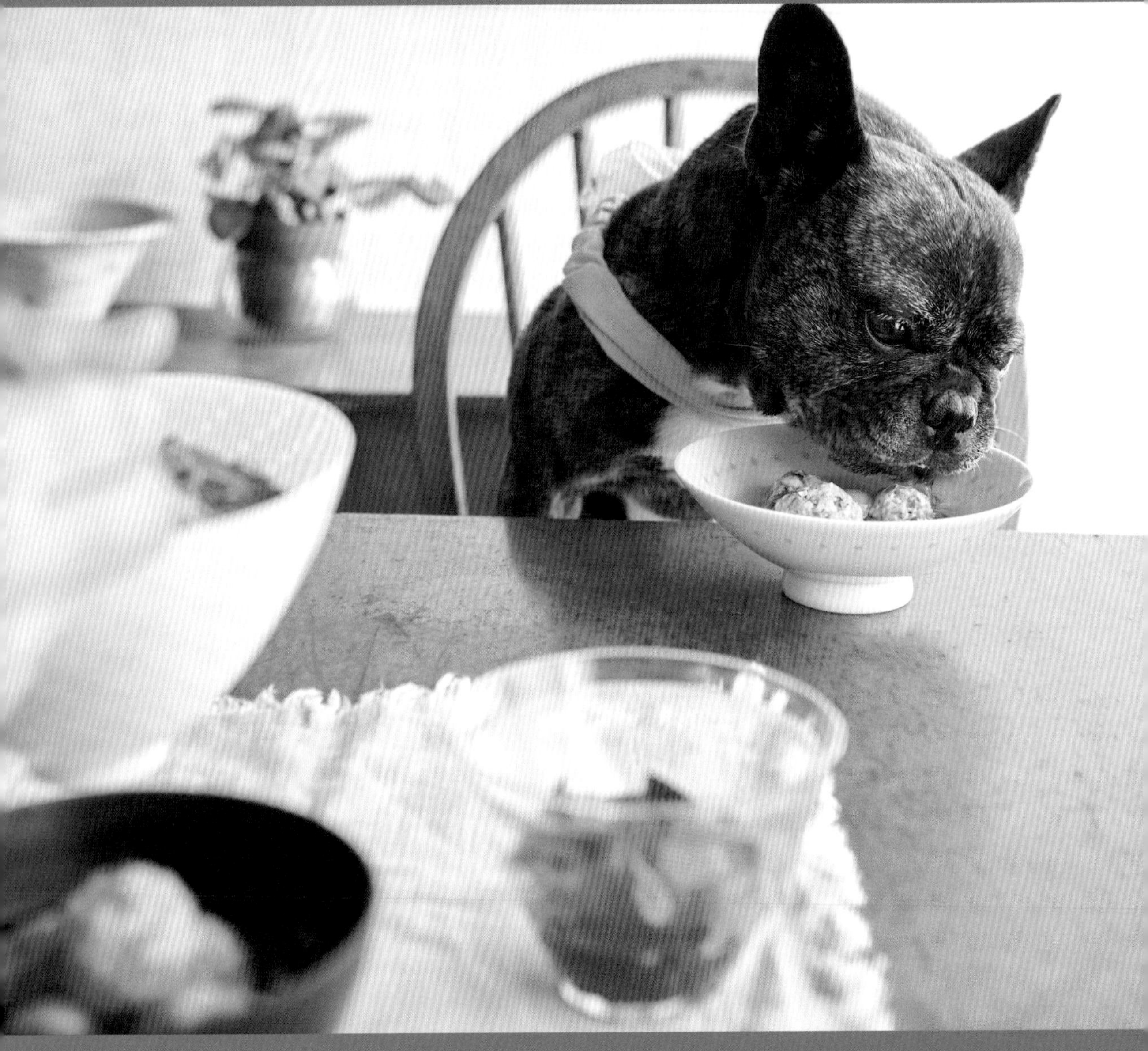

夏に取り入れたい食材って？

猛暑に湿気、冷房による冷えと、体のケアが難しい季節。血流が滞ると「万病のもと」である冷えを生み出してしまいます。余分な熱を排除し、循環をよくする食材を取り入れることがポイント。

1 余分な熱を取り除く

体の熱を
冷ます食材

体に熱がこもったままだと、呼吸が浅くなって酸素が不足し、体の水分が不足した結果、血液がドロドロになりがち。そうなると、血圧が上がったり、熱中症のリスクが高くなったりという影響が出てきます。夏野菜など体の熱を冷ます食材を積極的に取り入れましょう。

例えばこんな食材

スイカ、ゴーヤ、トマト、レタス、
蕎麦、パイナップル、セロリ、キュウリ など

2 エアコンによる深部の冷え対策

体の深部を
温める食材

この時期、暑さに弱い犬たちのために、エアコンを付けっぱなしにする家庭が多いでしょう。しかし、床に近い高さで生活している犬は、人よりも体の深部が冷えていることがあります。冷えは「万病のもと」なので、四肢や耳先、お腹、背中がひんやりとしている場合は、深部を温める食材を取り入れましょう。

例えばこんな食材

シナモン、乾燥ショウガ粉、大葉 など

3 心臓のケア

心臓のケアには
心臓を

夏は、24時間休みなく働いている心臓が、特に活発に働く季節。夏は心臓に熱がこもりやすく、心臓が傷みやすいと言われています。心臓が傷むと血液循環の悪化を招き、その結果、各臓器が働きにくい状況を作り出してしまいます。「心」をケアし、落ち着ける食材を取り入れましょう。

例えばこんな食材

ハツ、豚肉、卵、アユ、レンコン、なつめ、くこの実、黒豆 など

夏におすすめの食材

この時期に旬を迎えるものや、旬の体のケアに役立つものなど、夏の時期に家族と愛犬で積極的に食べたい食材を紹介します。いろいろな食材をローテーションしながらごはんを作る中に、これらの食材も組み込んで、季節を楽しみながらケアしましょう。

肉・魚介

ハツ

鶏や豚、牛などの心臓がハツ。心臓のケアには心臓を摂るのがおすすめ。ミネラルが豊富で、体を温めて血の巡りをよくする効果が期待できる。

豚肉

元気を補う肉。ビタミンB_1がダントツに豊富で、疲労回復効果が期待できる。脂質にはコレステロールを下げる脂肪酸も豊富。

アユ

夏が旬。サイズや調理法によっては、頭から尾まで、骨まで丸ごと食べられる。カルシウムやミネラルなど栄養価が高い。

トッピング、その他

シナモン

体の冷えを取り除き、血の巡りをよくし、毛細血管を修復する効果が。犬にはクマリンの少ないセイロンシナモンを。

甘酒

「飲む点滴」と言われる総合栄養食。消化を助け、エネルギーを補充し、胃腸を元気にするなど、夏の免疫力アップに。

くこの実

肝臓と腎臓を元気にしてくれるスーパーフード。アンチエイジング効果も期待できる。毎日少しずつトッピングしてあげて。

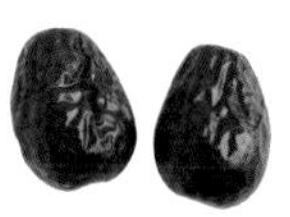

なつめ

赤血球を作り出す成分が豊富で、サポニンが免疫力を強化。胃腸を整える、コラーゲンの再生を促進するなどマルチな食材。

野菜

トマト

潤いを生み出し、熱を冷ますと言われている。ヘタにはトアチンという毒性が含まれるので、誤って与えないようちゃんと外して。

オクラ

ネバネバのペクチンは、善玉菌の餌となって腸内環境を整え、気管や胃腸の粘膜を保護してくれる。

ゴーヤ

特に上半身の熱を取り除き、熱中症や夏バテへの効果が期待できる。また、熱に強いビタミンCを含み、加熱調理にも向く。

モロヘイヤ

「王様の野菜」と言われる。ネバネバ成分には胃粘膜を保護し、消化吸収を助ける働きが期待できる。カルシウムも豊富。

キュウリ

利水効果が高く、腎サポートにも。熱を下ろしてくれるので体の熱い犬に。水分を多く含み、食間のおやつにも最適。

果物

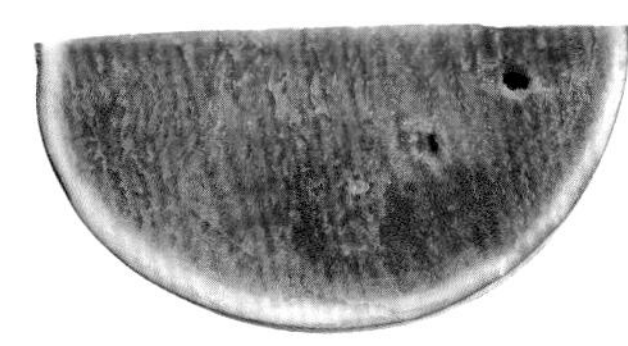

梨

豊富なリンゴ酸やクエン酸には疲労回復が期待できる。タンパク質分解酵素も豊富。夏の終わりから秋にかけての水分補給に。

パイナップル

タンパク質の分解酵素を多く含み、胃酸の分泌を活性化し、消化を助けてくれる。おやつやトッピングとして生で与えて。

スイカ

豊富なカリウムが利尿を促進し、体の熱を冷ます効果が期待される。夏の散歩の水分補給や、食間のおやつにも最適。

FOR DOGS

夏の朝ごはん

梅おかかおにぎりとごまキュウリ

オクラとキュウリの緑のごはん

FOR OWNERS

食欲減退しがちな夏に、食欲をアップしてくれる梅のおにぎり。クールダウン効果を期待できるキュウリを使ったごまキュウリは、2〜3本分ペロリと食べられてしまう、夏の副菜。犬用には、ササミなど脂質の少ない肉や魚に、キュウリをすり下ろしてトッピングしてあげましょう。

梅おかかおにぎり

〈材料〉4個

	2人分	犬(5kg/1頭分)
ごはん	400g	–
梅干し	中4個	1g
カツオ節	1袋	ひとつまみ
大葉	4枚	1枚
しょうゆ	少々	–

〈作り方〉

1 梅干しは種を外して包丁で叩く。

❶1の梅干しから小指の爪程度、犬用を取っておく(ドライフードにトッピングする場合はなし)。

2 ボウルに温かいごはん、1、カツオ節、しょうゆを入れて混ぜ、握る。

3 2を大葉で包んで完成。

❷犬用の大葉は細かく刻む。

ごまキュウリ

〈材料〉

	2人分	犬(5kg/1頭分)
キュウリ	1・2/3本	1/2本
白すりごま	大さじ1	小さじ1/2
味噌	大さじ1	–
酢	大さじ1	小さじ1/4
砂糖	大さじ1	–

〈作り方〉

1 キュウリは洗い、塩(分量外)をかけて、まな板の上で転がして板ずりする。人用は薄い小口切りにし、軽く塩(分量外)を振って3分置き、絞る。

❸1の犬用のキュウリはすり下ろす。

2 人用の白すりごま、味噌、酢、砂糖を合わせ、1を入れて和えれば完成。

❹白すりごま、酢は犬用を取っておく。

オクラの味噌汁

〈材料〉

	2人分	犬(5kg/1頭分)
ダシ汁(もしくは水)	400ml	150ml
オクラ	3本	1本
豆腐	1/2丁	大さじ1
味噌	大さじ2	–
鶏ササミ	–	1本

〈作り方〉

1 鍋にダシ汁(人用400ml+犬用150ml)を入れて沸騰させる。豆腐は1cm角の角切りにし、鍋に加えてさっと火を通す。

2 オクラは薄切りにする。

❺犬用の鍋に、1の汁150mlと犬の分の豆腐、2の犬の分のオクラ、鶏ササミを入れて火にかけ、火を通す。

3 鍋の火を止めて、味噌を加えて溶かす。

4 2のオクラを加えて完成。

❻⑤の粗熱が取れたら、①、②、③、④、カツオ節を加えて完成。

夏の朝ごはん

甘酒スクランブルエッグとラペ

かき玉スープはお腹に優しい

朝は卵を食べて、脳も体もスイッチオン！ 家族にはほんのり甘いふわとろのスクランブルエッグ、犬にはかき玉スープを作りましょう。紫キャベツとニンジンを刻んで和えるだけのラペは、犬のごはんにも使いやすく、酸味がクセになります。家族には好みのパンも一緒に。

甘酒スクランブルエッグ

〈材料〉

	2人分	犬（5kg/1頭分）
卵	2個	1個
甘酒（麹）	大さじ2	小さじ1
塩	少々	–
バター	10g	–

〈作り方〉

1 ボウルに卵、甘酒を入れて、よく混ぜる。

❶1の卵液から犬用を取っておく。

2 人用の1に塩を入れて軽く混ぜる。

3 フライパンを熱してバターを溶かし、2を一気に入れて大きく混ぜる。好みの固さに焼いて、器に移せば完成。

ラペ

〈材料〉

		2人分	犬（5kg/1頭分）
紫キャベツ		300g	少々
ニンジン		1/2本	少々
鶏胸肉		–	60g
A	リンゴ酢	大さじ1	–
A	オリーブオイル	大さじ2	–
A	レモン絞り汁	大さじ1	–
A	砂糖	小さじ1・1/2	–
リンゴ酢		–	ティースプーン1/2
レモン		–	輪切り1枚
水		–	150ml

〈作り方〉

1 紫キャベツは細めの千切りにする。ニンジンも細い千切りにする。

❷1の紫キャベツとニンジンから犬用を取っておく。

2 1に塩（分量外）を振り、約20分置いてしんなりさせ、よく絞る。

3 ボウルにAをすべて入れて混ぜ、2を和えれば完成。

❸鶏胸肉をひと口大に切る。

❹鍋に150mlの水を沸騰させ、③を6〜7分ゆでる。②を加えて、さらに3〜4分ゆでる。

❺④に①の卵液を加えて、かき玉スープ風に火を通す。

❻⑤を器へ移し、犬用のリンゴ酢、レモンの絞り汁を加えて、粗熱が取れたら完成。

FOR DOGS

夏の
昼・夜ごはん

ゴージャス納豆ごはん

ネバネバとトロトロで
消化をサポート！

FOR OWNERS

いつもの納豆ごはんに、めかぶやナガイモ、オクラなどトロトロネバネバの食材と、さらに夏のカツオも加えて、バージョンアップ！　ネバネバもトロトロも消化のサポートが期待でき、胃腸改善に大活躍してくれます。カツオにも胃の働きをサポートする成分あり！

ゴージャス納豆ごはん

〈材料〉

	2人分	犬(5kg/1頭分)
納豆	1・3/4パック	1/4パック
キュウリ	1本	小さじ1
めかぶ	大さじ2	小さじ1
ナガイモ	4cm	大さじ1(すり下ろし)
オクラ	2本	1本
大葉	2枚	少々
卵(黄身)	2個	1個
カツオ(刺身用)	約250g	約70g
ごはん	茶碗2杯	–
甘酒味噌ダレ(P89参照)	適宜	–

〈作り方〉

1 キュウリは角切り、人用のナガイモは短冊切りにする。オクラは600Wのレンジで30秒加熱して、薄切りにする。大葉は刻む。カツオはひと口大に切る。卵は白身と黄身を分けておく。

❶1のキュウリ、オクラ、大葉、カツオ、卵の黄身から犬用を取っておく。犬用のナガイモはすり下ろす。

2 納豆はよく混ぜて、犬の分を取っておく。人用の分に添付のタレを加えて、さらによく混ぜる。

3 丼にごはんと1のキュウリ、ナガイモ、オクラ、カツオ、2、人用のめかぶを盛り、1の卵の黄身と大葉をのせて、食べる直前に甘酒味噌ダレをかければ完成。

白身のかき玉汁

〈材料〉

	2人分	犬(5kg/1頭分)
卵(白身)	2個	1個
焼きのり	1/2枚	少々
青ネギ	適宜	–
ダシ汁	400ml	180ml
味噌	大さじ2	–

〈作り方〉

1 鍋にダシ汁(人用400ml+犬用180ml)を沸騰させ、①で取っておいた犬用のカツオを入れて、3〜4分煮る。

2 1に卵の白身を溶いて、火を通す。

❷2のカツオと犬の分の汁を犬用の器に移す。

3 2の火を止めて味噌を溶き、刻んだ青ネギとちぎった焼きのりを入れて、お碗に注げば完成。

❸②の粗熱が取れたら、①のキュウリ、ナガイモ、オクラ、大葉、取っておいた犬の分の納豆、犬用のめかぶ、ちぎった焼きのりを入れ、①の卵の黄身を加えれば完成。

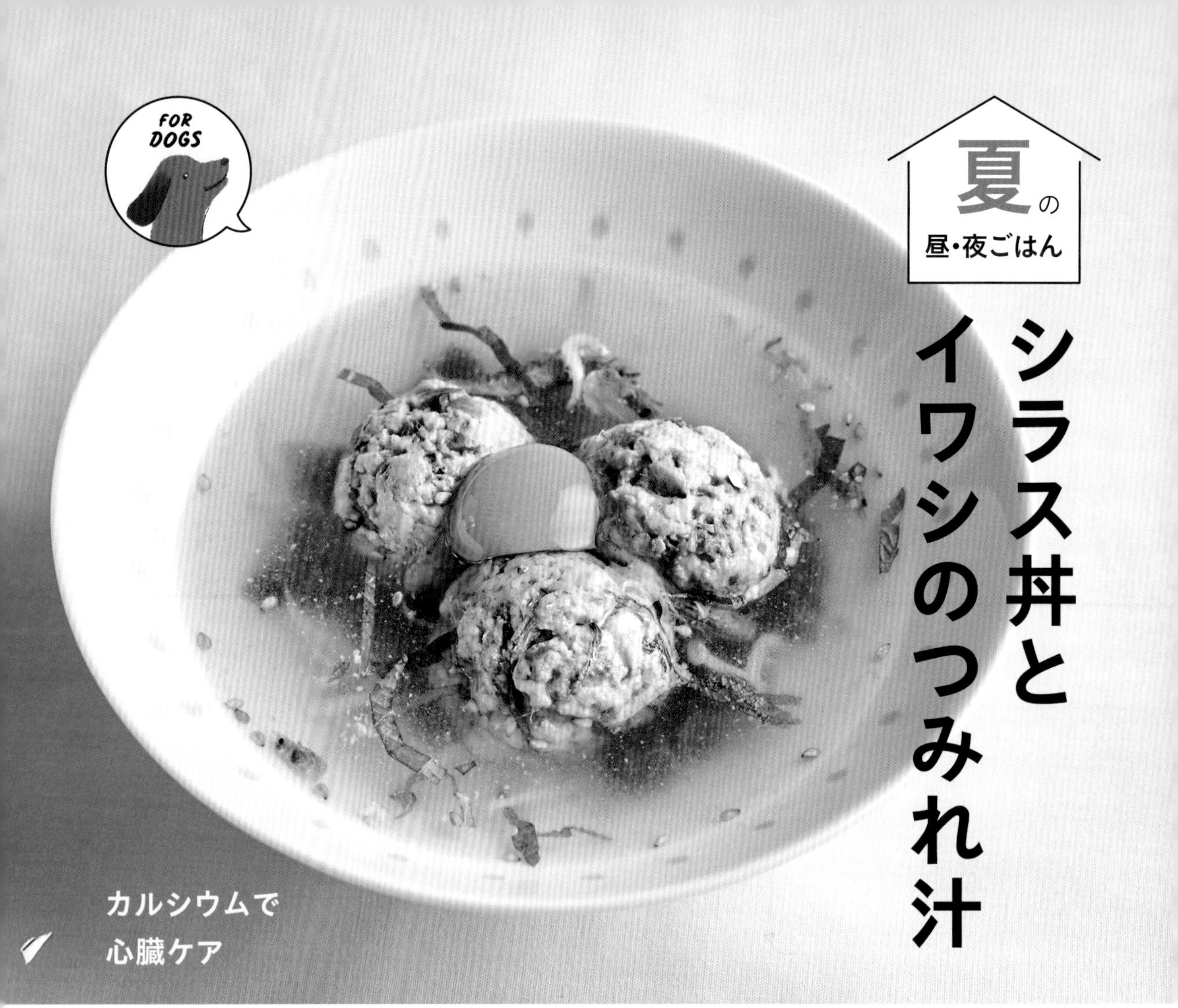

FOR DOGS

夏の
昼・夜ごはん

シラス丼とイワシのつみれ汁

カルシウムで心臓ケア

FOR OWNERS

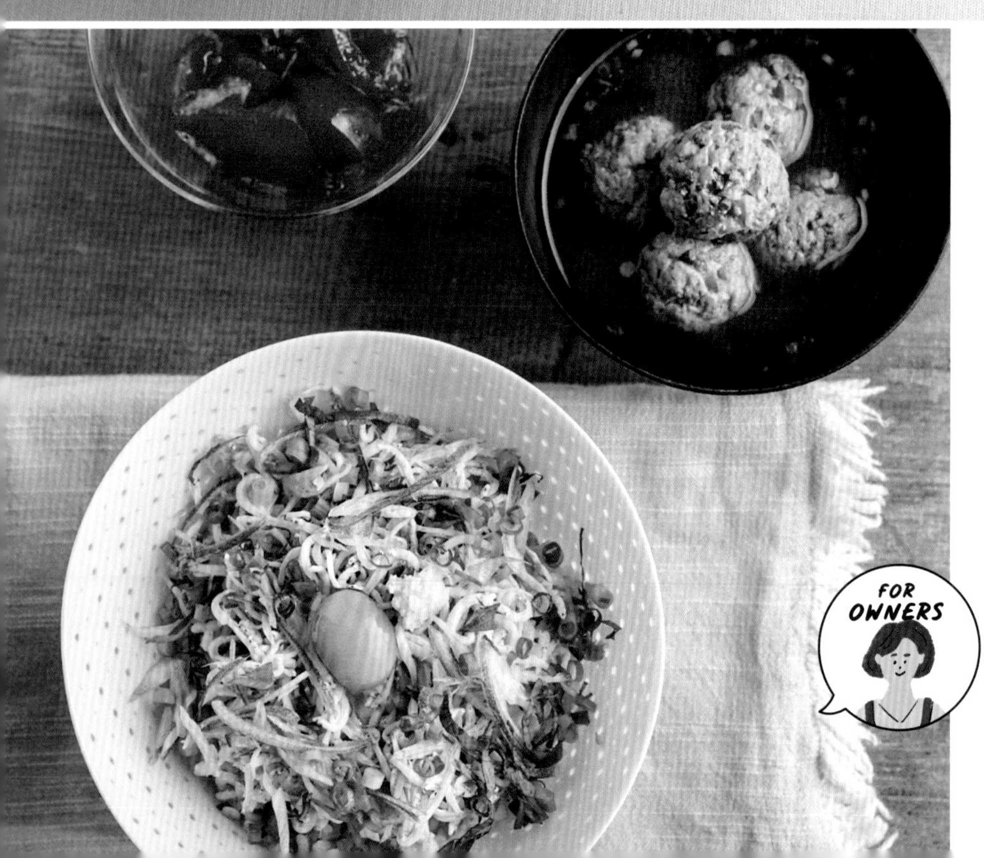

暑い夏には、家族も愛犬も心臓ケアが大切。心臓が正常に働くためには、カルシウムが必須です。そこで、シラスを山盛りにして薬味をかけるだけの丼と、同じイワシの仲間であるマイワシのつみれ汁で、カルシウムをたっぷり摂取しましょう！　旬のシラスが手に入ったらぜひ作りたいメニュー。

シラス丼

〈材料〉

		2人分	犬(5kg/1頭分)
ごはん		茶碗2杯	–
シラス(生 or 釜揚げ)		60g	大さじ1
うずら卵		2個	1個
大葉		2枚	1枚
ミョウガ		1個	–
生ショウガ		1片	少々
青ネギ		適量	–
白ごま		大さじ1	小さじ1/2
A	酢	大さじ2	–
	砂糖	大さじ1	–
	塩	2g	–

〈作り方〉

1 ごはんを炊く。Aの材料をよく混ぜてすし酢を作る。
※白ごはんのままでもOK。

2 ミョウガと大葉は細切りにする。生ショウガはすり下ろす。青ネギは小口切りにする。

❶2の大葉、生ショウガから犬用を取っておく。

3 炊き上がった温かいごはんに1のすし酢を振りかけ、切るように混ぜる。2のミョウガと、白ごまを加えて、さらに混ぜる。

4 丼に3の酢飯、人用のシラス、2の大葉、うずら卵、2の青ネギと生ショウガの順に盛り付けて完成。食べる直前に、好みでしょうゆを少し垂らす。

トマトと桜エビのサラダ

〈材料〉

	2人分	犬(5kg/1頭分)
トマト	2・1/2個	1/2個
桜エビ	大さじ2	ひとつまみ
レモン汁	大さじ1	少々
ごま油	小さじ2	–
塩	ひとつまみ	–

〈作り方〉

1 人用のトマトはヘタ側にフォークを刺して、コンロの火で軽くあぶる。皮をむいて食べやすい大きさに切る。

❷犬用のトマトは種をざっと外して、細かく刻む。

2 1に人用の桜エビ、レモン汁を加えてさっと和える。

3 2にごま油、塩を入れて、さらに和えれば完成。

イワシのつみれ汁

〈材料〉

	2人分	犬(5kg/1頭分)
マイワシ	3尾	1〜2尾
大葉	1枚	–
ダシ汁	400ml	180ml
味噌	大さじ2	–
生ショウガ	1片	少々
青ネギ	適宜	–
酢	–	小さじ1/4

〈作り方〉

1 生ショウガをすり下ろす。大葉は細切りにする。
※シラス丼の分とまとめて調理すると楽。

2 マイワシは頭と内臓、骨を取り除く。1を加えてミキサーにかけ、ミンチにして手で丸め、つみれを作る。
※ミキサーがない場合は、マイワシを手で開いて骨を外し、身を叩く。1を加えて混ぜ合わせ、さらに叩いて、手で丸める。

3 鍋にダシ汁(人用400ml+犬用180ml)を入れて沸騰させ、2を加えて、浮き上がるまでゆでる。

❸3から汁180mlと犬の分のつみれを取っておく。

4 3の火を止めて、味噌を溶かせば完成。好みで刻んだ青ネギを入れる。

❹③に①、②、犬用のシラス、白ごま、桜エビ、レモン汁、酢を加え、うずら卵を殻ごと(お腹が弱い犬は殻を外して)つぶして入れれば完成。

FOR DOGS

夏の昼・夜ごはん

夏野菜のカレーとサラダ

ソフトなスパイスのカレーで犬も元気！

FOR OWNERS

いい香りが食欲をそそり、たっぷりのスパイスが代謝をアップしてくれる、夏のカレー。犬と一緒に食べるために、刺激の強くないスパイスを使用。タマネギの代わりに、新鮮な夏野菜をゴロゴロ入れて煮込みます。犬にはカレーのスープを3〜4倍に薄めてあげましょう。

夏野菜のカレー

〈材料〉

		2人分	犬(5kg/1頭分)
鶏モモ肉		1枚	–
鶏胸肉		–	80g
トマト缶		1缶	
ズッキーニ		1本	
パプリカ		1個	
セロリ		1本	
ニンニク		1片	–
トマト		1個	
カボチャ		1/6個	
ショウガ		小さじ1	
プレーンヨーグルト		50g	大さじ1
オリーブオイル		大さじ2	
クミンシード		小さじ1	
A	コリアンダー	小さじ1	
	ターメリック	小さじ1/2	
	レモングラス(あれば)	小さじ1	
	カルダモンパウダー(あれば)	小さじ1/2	
塩		適宜	–
水		–	160ml

〈作り方〉

1 鶏モモ肉はひと口大に切り、人の分のプレーンヨーグルトと合わせる。

❶ 鶏胸肉もひと口大に切り、犬の分のプレーンヨーグルトと合わせる。

2 ズッキーニは輪切りにする。パプリカはくし切りにする。セロリはみじん切りにする。ショウガとニンニクはすり下ろす。カボチャはひと口大に切る。

3 フライパンを熱して、1と2のズッキーニとパプリカを入れ、2〜3分炒めて取り出す。

4 深めのフライパンにオリーブオイルとクミンシードを入れて、強火で1〜2分、パチパチと音がするまで加熱する。

5 4に2のセロリを加えて、6〜7分炒める。2の下ろしショウガを加えて、さらに1〜2分炒める。

6 5にトマト缶、適当な大きさに切ったトマトを加えて、つぶしながら2〜3分煮る。

7 6にAをすべて入れて、4〜5分煮込む。2のカボチャと3を加えて、さらに煮込む。

❷ 7のスープ50ml分と野菜を犬用の鍋に移し、水160mlを加える。①を入れて、火が通るまで7〜8分煮込む。

8 7に2の下ろしニンニクを加えて、弱火で8〜10分、ねっとりするまで煮込む。塩で味を調えれば完成。

手ちぎりレタスのサラダ

〈材料〉

	2人分	犬(5kg/1頭分)
レタス	5〜6枚	1/2枚
好みのタレ(P88参照)	適宜	–

〈作り方〉

1 レタスは洗って手でちぎり、水を切る。

❸ ②を器に移して粗熱を取り、犬の分のレタスを千切りにして入れれば完成。

2 器に盛って、好みのタレをかける(おすすめは黒酢タマネギダレ)。

FOR DOGS

夏の 昼・夜ごはん

ゴーヤチャンプルとひじきごはん

暑くてたまらない日に
作ってあげたい

ゴーヤを食べずに、夏は越せません。苦味の成分が体の熱を取ってくれるゴーヤを食べて、真夏日を乗り切りましょう！熱中症気味や夏バテ気味、常にハアハアとパンティングが止まらない犬にも、断然おすすめの食材です。さっぱりしたオクラの梅カツオ、ひじきごはんと一緒に。

ひじきごはん

〈材料〉

	2人分	犬(5kg/1頭分)
米	2合	
黒米(あれば)	大さじ1	
乾燥ひじき	3g強	
水	330ml	
白ダシ	大さじ1・1/2	

〈作り方〉

1 ひじきは水(分量外)で戻してザルにあげる。

2 米は洗って水気を切り、炊飯器に入れる。あれば黒米を加える。

3 2に水と白ダシを加えて軽く混ぜ、1のひじきをのせて炊けば完成。

❶ 3を少し犬用に取っておく。

ゴーヤチャンプル

〈材料〉

	2人分	犬(5kg/1頭分)
ゴーヤ	小1本	10g
木綿豆腐	1/2丁	少々
豚バラ肉	150g	–
豚モモ肉	–	70g
卵	2個	1個
塩	小さじ1/4	–
しょうゆ	小さじ2	–
ごま油	大さじ1〜2	–
カツオ節	少々	–
水	–	150ml

〈作り方〉

1 木綿豆腐はキッチンペーパー2枚で包み、600Wのレンジで2分加熱して、水切りをする。豚バラ肉はひと口大に切って、塩をまぶす。人用の卵2個は塩をほんの少し入れて溶く。

2 ゴーヤは縦半分に切り、種とワタを取り除いて、3〜4mmの薄切りにする。ひとつまみの塩(分量外)を入れた水に5分ほどさらす(もしあれば、半日干したものがおすすめ)。

❷ 2のゴーヤから犬用を取っておく。

3 フライパンにごま油を入れて熱し、1の木綿豆腐を手でちぎりながら入れて、焼き色が付くまで2〜3分炒め、皿に取り出す。

❸ 3の木綿豆腐から犬用を取っておく。

4 3のフライパンに2のゴーヤを入れて、うっすら透明になるまで炒め、皿に取り出す。

5 4のフライパンにごま油を足してよく熱し、1の溶き卵を一気に入れて、半熟になったら取り出す。

6 5のフライパンに1の豚バラ肉を入れて炒め、火が通ったら3、4を加えて、しょうゆで味を付ける。5の卵をさっくり合わせて器に盛り、カツオ節をかければ完成。

❹ 豚モモ肉をひと口大に切る。鍋に水150mlを沸騰させ、豚モモ肉を入れる。再び沸騰したら②、③を入れて、さらに2〜3分煮る。犬用の卵を割り入れて、中火で約2分煮る。

オクラの梅カツオ

〈材料〉

	2人分	犬(5kg/1頭分)
オクラ	8本	少々
梅干し	1個	少々
カツオ節	少々	少々

〈作り方〉

1 水で濡らした手に塩(分量外)を取り、オクラを揉んで表面のうぶ毛を取り除き、水で洗い流す。梅干しは種を外して包丁で細かく叩く。

2 1のオクラを耐熱皿にのせ、ふわっとラップをかけて、600Wのレンジで1分加熱する。

3 2を冷水に取り、水気をよく拭き取って、薄い輪切りにする。

4 3に1の梅干しとカツオ節を加え、和えれば完成。

❺ ④の粗熱が取れたら、①と4をほんの少しのせて完成。

FOR DOGS

夏の昼・夜ごはん

春雨チャプチェ

夏バテ解消に
活躍する緑豆春雨！

緑豆春雨は、体の余分な熱を冷ましてくれるうえ、解毒作用や利尿作用も期待でき、暑気あたりによいと言われています。夏にぴったりの春雨をモロヘイヤと合わせて、さらにパワーアップ！　犬には、春雨を細かくして少量入れてあげましょう。

春雨チャプチェ

〈材料〉

		2人分	犬(5kg/1頭分)
緑豆乾燥春雨		60g	10g
ニンジン		1/2本	約2cm
ピーマン		2個	1/6個
キクラゲ		2〜3枚	1/3枚
モロヘイヤ		1束	大さじ1
豚薄切り肉		150g	–
豚薄切り肉(モモ)		–	80g
ごま油		適量	–
白いりごま		少々	少々
A	しょうゆ	大さじ1	–
A	オイスターソース	大さじ1	–
A	みりん	大さじ1/2	–
A	酒	大さじ1	–
A	砂糖	大さじ1	–
A	水	100ml	–
A	下ろしニンニク	小さじ1/2	–
A	下ろしショウガ	小さじ1/2	–
水		–	150ml

〈作り方〉

1 人用の春雨は熱湯で指定時間ゆでて、水を切る。ニンジン、ピーマン、キクラゲは細切りにする。モロヘイヤはさっと下ゆでして包丁で叩く。豚薄切り肉はひと口大に切る。**A**を混ぜ合わせてタレを作っておく。

❶ 1のニンジン、ピーマン、キクラゲ、モロヘイヤ、豚薄切り肉(モモ)から犬用を取っておく。

2 フライパンにごま油を熱し、1のニンジンと豚薄切り肉を入れて、3〜4分よく炒める。

3 2に1のピーマン、キクラゲを加えてさらにさっと炒め、1の春雨と**A**のタレを入れ、弱火で約5分煮詰める。

4 3の水分がなくなったら器に盛り、1のモロヘイヤをのせて、白いりごまを散らせば完成。

❷ 鍋に150mlの水を沸騰させ、①のニンジン、ピーマン、キクラゲ、豚薄切り肉(モモ)を入れて煮る。

❸ ②に火が通ったら、春雨を細かく折って入れ、約5分煮て、犬用の器に移す。

冷奴

〈材料〉

	2人分	犬(5kg/1頭分)
木綿豆腐	1/2丁	小さじ1
好みのタレ(P88参照)	適宜	–

〈作り方〉

1 木綿豆腐は軽く水を切り、器に盛る。

❹ 1の豆腐から犬用を取っておく。

2 好みのタレをかけて完成(おすすめは甘酢ショウガダレ)。

エダマメ

〈材料〉

	2人分	犬(5kg/1頭分)
エダマメ	120g	少々
塩	少々	–

〈作り方〉

1 エダマメは、サヤの両端をキッチンバサミで切る。ボウルに入れてほんの少しの塩で揉み、5分ほど置く。

2 1を水でさっと流して耐熱皿に入れ、ふわっとラップをかけて、600Wのレンジで約2分加熱する。

❺ 2のエダマメから犬用を取り、サヤから出す。

3 2を冷まして、塩を振れば完成。

❻ ③の粗熱が取れたら、①のモロヘイヤ、④、⑤を加え、白いりごまを振って完成。

夏 のスペシャルごはん

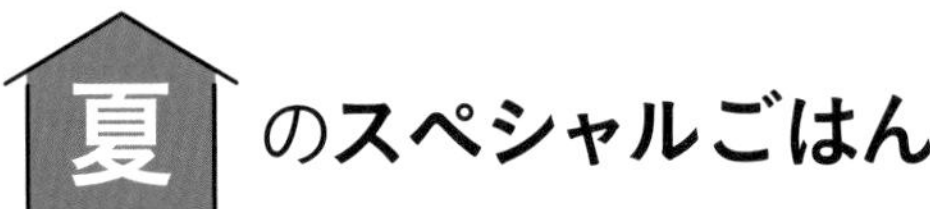

夏バテ撃退！ 参鶏湯

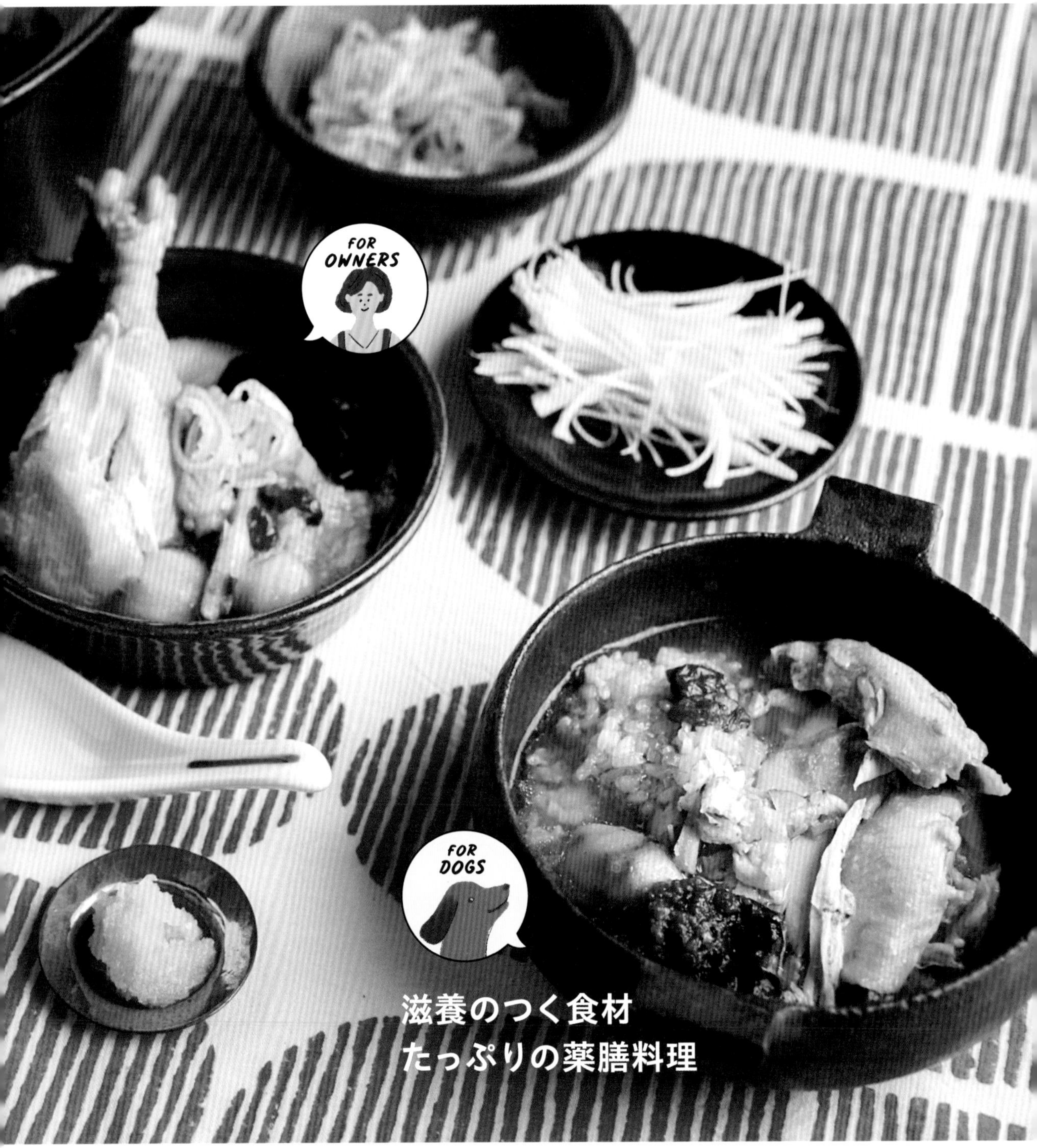
FOR OWNERS
FOR DOGS
滋養のつく食材
たっぷりの薬膳料理

夏こそ食べてほしい、丸鶏で作る参鶏湯。夏バテ防止や疲労回復、血行促進、冷えの改善など、夏に嬉しいさまざまな効果が期待できます。朝鮮人参に大根を合わせることで、強い上昇の効能を緩やかにします。塩、こしょう、ネギは犬用を取り分けてから。

〈材料〉

	2人分	犬（5kg/1頭分）
丸鶏	1羽（800g前後）	
もち米	100g	
むき栗	5〜6個	
なつめ	3〜4個	
くこの実	約20粒	
朝鮮人参（あれば）	3〜4本	
根昆布	8cm	
ショウガ	一片	
大根	1/2本	
長ネギ	適宜	−
塩	適宜	−
黒こしょう	適宜	−

〈作り方〉

1 もち米は1時間ほど水に浸ける。大根はすり下ろす。ショウガは薄切りにする。

2 丸鶏はお腹の中をよく洗い、余分な脂（特に黄色っぽい部分）や血合は取り除く。ぼんじり（おしりの三角の部分）、手羽の第1関節下を切り落とし、水気を拭き取る。

3 首の皮を引っ張りながら、並縫いの要領で竹串を2〜3回上下に通し、首の穴を閉じる。

4 1のもち米の半分をおしりから詰め、むき栗2個、なつめ1個、くこの実5〜6粒、朝鮮人参1本、1のショウガ1枚を入れてから、残りのもち米をすべて詰める。

5 おしりの皮を引っ張りながら、3と同じ要領で竹串で閉じる。

6 片方の足の付け根に包丁を差し込んで穴を空け、もう片方の足をこの穴に差し込み、足を交差させて固定する。

7 丸鶏が入る大きさの鍋に、6、残りのむき栗、なつめ、くこの実、朝鮮人参、ショウガと、根昆布、1の大根下ろしを入れる。丸鶏がかぶる水（分量外）を加えて、強火にかける。

8 沸騰したら中火にし、たまにアクや脂を取りながら、1時間コトコト煮る。味を染みさせ、鶏を切りやすくするため、鍋のまま一度冷ます。

❶ 8の丸鶏の竹串を抜いて半分に切り、胸やササミの一部、もち米約大さじ1、なつめ1個、くこの実3〜4粒、むき栗1個とスープ約200mlを、犬用の器に盛って完成。

9 ❶の残りの鶏を鍋に戻して再び温めて、根昆布を取り出し、塩、黒こしょうで好みの味に調えて完成。

10 長ネギは緑の部分を輪切り、白い部分を細切りにして白髪ネギにする。食べるときに、好みでニンニクのすり下ろしとともに加える。

フルーツポンチ

スイカやメロン、パイナップルなど、冷やした果物が体に沁みる夏。いろいろな果物を贅沢に使って、犬と一緒にビタミン補給し、夏を乗り切りましょう！

〈材料〉

	人	犬
スイカ	適宜	
キウイフルーツ	適宜	
メロン	適宜	
梨	適宜	
ブルーベリー	適宜	
豆乳 (または牛乳。犬用だけならヤギミルク)	150ml	
粉寒天	1.5g	
炭酸水	適宜	

〈作り方〉

1. 鍋に豆乳を入れ、粉寒天を加えて混ぜる。火にかけて沸騰させ、弱火で約2分加熱する。
2. 1の粗熱が取れたら、冷める前にバットに移し、冷蔵庫に入れて15〜30分ほど冷やし固める。
3. 2が固まったら、食べやすい大きさに切る。好みの果物も同様に切る。
4. 3を器に盛り、炭酸水を少し注いで完成。

甘酒ドリンクいろいろ

夏の季語にもなっている甘酒は「飲む点滴」とも言われ、胃腸に優しく潤いをもたらして、パワーを補充してくれるスーパーフード。新鮮な果物と合わせて、夏ならではの甘酒を楽しんでみて！

〈材料〉各約120ml分

	人	犬
麹の甘酒	各120ml	各50ml
ヤギミルク（もしくは水）	–	各70ml
パイナップル	適宜	
スイカ	適宜	
バナナ	1/3本	
シナモン（バナナで作る場合）	耳かき1杯	
ブルーベリー	10～15粒	
梨	1/4個	
キウイフルーツ	1/2個	

〈作り方〉

1 パイナップル、スイカ、ブルーベリー、キウイフルーツで作る場合はつぶす。梨で作る場合はすり下ろす。バナナで作る場合はつぶし、シナモンを加えて混ぜる。

2 人用は、1に人の分の甘酒を合わせて完成。犬用は、1に犬の分の甘酒とヤギミルクを合わせて完成。
※犬に与える分量は、与えたい水分量に合わせて調整してください。

多様な味を楽しめるタレのレシピ6

犬用と一緒に作るときは味付けをしない分、いろいろな手作りタレを活用して、味変を楽しみましょう！　簡単に作れて、汎用性の高いタレのレシピを紹介します。

② 水ぎょうざや野菜炒めなどのアクセントに

① 腸活や血行促進に役立つ発酵タレ

③ 野菜、豆腐、肉、何にでも合う万能タレ

① キムチダレ

〈材料〉

白菜キムチ … 大さじ3〜4(好みで)
ごま油 … 小さじ2
酢 … 大さじ1/2
しょうゆ … 小さじ1
みりん … 大さじ1

〈作り方〉

1 みりんは耐熱皿に入れて、600Wのレンジで30秒ほど加熱する。
2 1とごま油、酢、しょうゆを入れて、よく混ぜる。
3 2にキムチを加えて、さっくり混ぜれば完成。

冷蔵庫で**約1週間**

② コチュジャンダレ

〈材料〉

味噌 … 大さじ1
しょうゆ … 大さじ1
酢 … 大さじ1
コチュジャン … 大さじ2
砂糖 … 大さじ2

〈作り方〉

材料をすべてボウル入れて、混ぜれば完成。

瓶に入れて冷蔵庫で**約1〜2週間**

③ 黒酢タマネギダレ

〈材料〉

タマネギ … 1個
しょうゆ … 大さじ2・1/2
黒酢 … 大さじ2
オリーブオイル … 大さじ2
ハチミツ … 大さじ1

〈作り方〉

1 タマネギをみじん切りにする。
2 1と他の材料をすべて合わせて、よく混ぜれば完成。

冷蔵庫で**約1週間**

④ 塩レモンダレ

〈材料〉

レモン … 1個
オリーブオイル … 40〜50ml
ハチミツ … 大さじ1
塩麹 … 大さじ1

〈作り方〉

1 レモンを搾り、搾り汁の量を計量カップで量る。

2 **1**と同量のオリーブオイルと、ハチミツ、塩麹を入れてよく混ぜれば完成。

冷蔵庫で**2〜3日**

⑤ 甘酢ショウガダレ

〈材料〉

ショウガ … 1片
酢 … 100ml
砂糖 … 大さじ2・1/2
塩 … 小さじ1

〈作り方〉

1 ショウガはみじん切りにして、熱湯に15〜20秒ほど浸し、ザルにあげる。

2 酢、砂糖、塩を鍋に入れてひと煮立ちさせ、冷ます。

3 **2**の粗熱が取れたら、**1**を加えて混ぜれば完成。

冷蔵庫で**約1週間**

⑥ 甘酒味噌ダレ

〈材料〉

甘酒 … 大さじ4
白すりごま … 大さじ1
味噌 … 大さじ1
酢 … 大さじ1

〈作り方〉

材料すべてをボウルに入れて、よく混ぜれば完成。

冷蔵庫で**3〜4日**

AUTUMN
Recipe

秋のレシピ

「食欲の秋」と言うように、秋は気候がよくなってきて食欲が増す季節。また、イモなどの根菜やきのこ、米、栗など、さまざまな作物が収穫の時期を迎え、食材の豊かな時期でもあります。乾燥などのケアをしつつ、秋の味覚をたっぷり楽しみましょう！

秋に取り入れたい食材って？

秋の風が吹き始めると、夏の湿気が一気に引き、空気が乾燥してきます。乾燥の苦手な肺の機能が低下すると、粘膜免疫力が低下し、風邪や咳、便秘の原因になるため、乾燥ケアが重要です。

1 肺の乾燥ケア

肺には、粘膜を潤して保湿を補う役割もあります。肺の働きが低下すると粘膜が乾燥して、風邪などの感染症にかかりやすくなったり、腸粘膜が渇いて便秘になりやすくなったりした結果、体全体の免疫力を落としてしまうことになります。肺を潤す食材でケアしましょう。

例えばこんな食材

ヤマイモ、レンコン、サトイモ、梨、白きくらげ、大根 など

2 疲労困ぱいの胃腸を整える

夏の暑さからくる疲れは、胃腸に影響を与え、気温差への抵抗力を弱めます。夏の体への負担が大きすぎると、夏から秋への季節の変わり目に下痢を繰り返すことがあります。特に秋の始まりの食材選びは、脂質が少なめで、胃腸に優しいものを選んで、疲れた消化器系を労わりましょう。

例えばこんな食材

ジャガイモ、リンゴ、サツマイモ、きのこ類 など

胃腸に負担の
少ない食材

3 冬に向けてエネルギーを蓄える

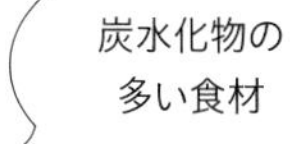

秋は、夏に消耗した体力や気力を取り戻す季節でもあります。気力や体力を補う、滋養強壮効果の期待できる食材を取り入れるのもおすすめです。冬に備えてエネルギーをキープさせてあげてください。

例えばこんな食材

ジャガイモ、サツマイモ、カボチャ、白米、栗 など

秋におすすめの食材

この時期に旬を迎えるものや、旬の体のケアに役立つものなど、秋の時期に家族と愛犬で積極的に食べたい食材を紹介します。いろいろな食材をローテーションしながらごはんを作る中に、これらの食材も組み込んで、季節を楽しみながらケアしましょう。

肉・魚介・大豆製品

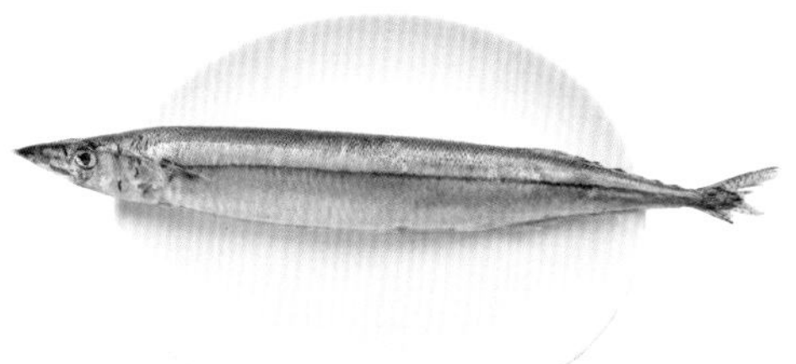

鮭

身は赤いが白身の魚。赤い色素のアスタキサンチンは抗酸化作用が期待できる。秋に獲れる天然の白鮭は脂質が少なくおすすめ。

サンマ

「精のつく魚」と言われ、体全体を補強し、ダメージの改善に。脂質が高めなので嗜好性が高く、食べムラのある犬におすすめ。

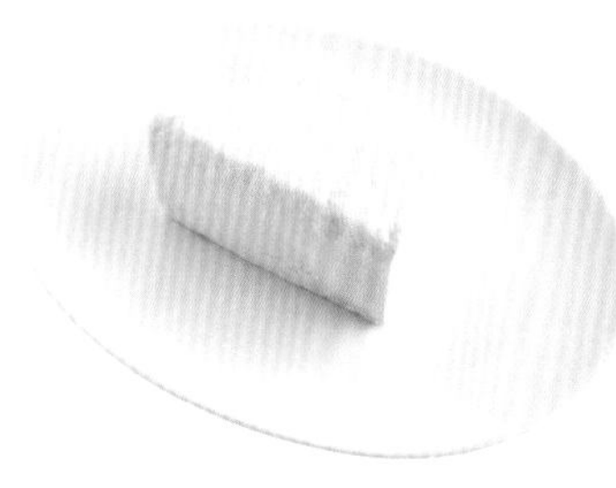

豆腐

乳化作用のあるレシチンを多く含み、消化に優しい。潤いを補う食材でもあるので、肉球がカサカサなど乾燥気味の犬に。加熱して与えて。

トッピング、その他

菊の花

体の余分な熱を取り除き、秋のデトックスや消炎作用、視力回復や目のトラブルにも効果が期待できる。重陽の節句(9月9日)に。

栗

古代からの貴重な食材。体を温め胃腸や腎の機能を高めて、食欲不振の改善にも。高カロリーなので、栄養補給にも。

白ごま

血液の循環をよくし、血管を強化してくれる。皮膚の乾燥に潤いをもたらし、便秘にも効果が期待できる。消化に優しいすりごまを。

野菜

ジャガイモ

「大地のリンゴ」と言われ、ビタミンCが豊富。ジャガイモの芽には中毒を引き起こすソラニンが含まれるので、しっかりと除くこと。

サトイモ

ぬめり成分が脳細胞を活性化し、粘膜免疫をアップしてくれる。シュウ酸を多く含むので、シュウ酸カルシウム結晶のある犬は控えて。

レンコン

体にこもった余分な熱を冷まし、肺を潤す効果が期待できる。加熱することで、胃腸の働きを高める効果が増す。

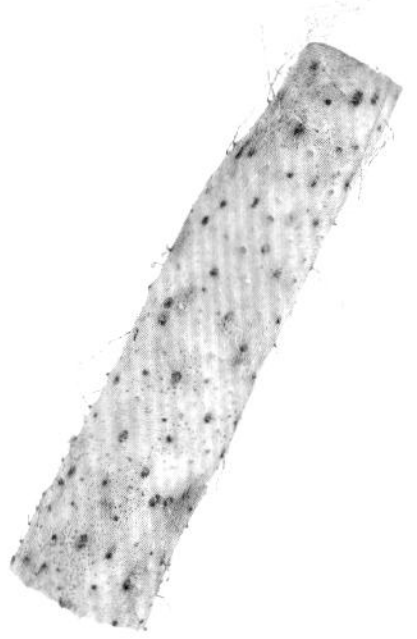

きのこ類

豊富なビタミンDがカルシウムの吸収をアップ。それぞれに栄養素が少しずつ違うので、2～3種ミックスするのがおすすめ。

ヤマイモ

滋養強壮はもちろん、消化促進や尿漏れにも効果が期待できる。胃腸の粘膜を保護して、保水力を高めると言われている。

サツマイモ

胃腸を元気にし、食欲を増進するなどの効果が期待できる。ビタミンも柑橘系並みに豊富。甘みがあり、大好きな犬が多い。

大根

白い根には消化酵素が豊富なので、生ですり下ろして。葉も栄養価が高いが、農薬が付着しやすいので、しっかりと洗って加熱して。

果物

リンゴ

腸の薬として用いられ、特に皮と実の間にはペクチンが多いので、皮ごと食べるのがベスト。皮の表面を重曹や塩でよく洗って。

柿

柑橘系の約2倍のビタミンCを含み、熱による乾きを潤してくれる。タンニンが鉄分の吸収を阻害するので、貧血気味の犬には控えめに。

秋の朝ごはん

けんちん汁ごま風味

季節の変わり目の冷え始めたころに食べたい、ほっこり温まる朝ごはん。根菜類は皮ごと入れて栄養価アップ。犬にはこんにゃくは入れず、長ネギは食べる直前に人用にだけ入れて。前日の夜ごはんに多めに作って、朝は残りを温めるだけにしておくと楽。

根菜たっぷり
腸を動かす朝ごはん

FOR DOGS

〈材料〉

	2人分	犬(5kg/1頭分)
サトイモ	4個	1個
ゴボウ	1/2本	約3cm
大根	約8cm	約2cm
ニンジン	1/3本	約4cm
レンコン	1/3節	約1cm
こんにゃく	1/2枚	–
水	400ml	200ml
昆布	約5cm	
しょうゆ	大さじ2	–
みりん	大さじ2	–
練りごま	大さじ2	ひとつまみ
長ネギ	適宜	–
七味	適宜	–
魚	–	80g

〈作り方〉

1 ゴボウは洗って、3〜4cmの長さの斜め切りにする。大根、ニンジン、レンコンは厚さ約4mmのいちょう切りか半月切りにする。

2 サトイモはタワシで表面をこすり洗いしてひと口大に切り、こんにゃくと一緒に2〜3分下ゆでする。下ゆでしたこんにゃくは、手かスプーンでちぎる。

3 鍋に水(人用400ml+犬用200ml)と昆布を入れて沸騰させ、**1**を入れて、3〜4分煮る。**2**のサトイモを加えて、柔らかくなるまでさらに煮る。

❶ **3**から汁150mlと具を犬用に取っておく。

❷ 鍋で①と魚を一緒に煮るか、①を器に移してストックしてある冷凍の魚を解凍して加える。粗熱が取れたら、練りごまをごく少量加えれば完成。

4 **3**に**2**のこんにゃくと、しょうゆ、みりんを加える。沸騰したら練りごまを加えて、さらにひと煮立ちさせれば完成。好みで刻んだ長ネギを加え、七味をかける。ボリュームを出したいときは、うどんを加えてもOK。

秋の朝ごはん

豆乳スイートポテトスープ

サツマイモの甘みは
犬たちも大好き

焼きイモから作る、甘みのあるこっくりしたスープ。ダシは犬用の鶏肉から取りつつ、人用には肉は入れずに野菜のみでヘルシーに仕上げます。お腹に優しく体に沁みるスープは、秋の始まりの朝にぴったり。好みのパンと一緒にどうぞ。

〈材料〉

	2人分	犬(5kg/1頭分)
鶏胸肉	–	80g
セロリ	1/2本	
水	500ml	100ml
サツマイモ	200g	50g
タマネギ	1/2個	–
豆乳	100ml	50ml
バター	大さじ1	–
黒こしょう	少々	–
シナモン	少々	マドラー1杯
ライムの皮(あれば)	少々	–

〈作り方〉

1 犬用の鶏胸肉とセロリはざっくり切る。鍋に水(人用500ml＋犬用100ml)と一緒に入れて火にかけ、沸騰したら、弱火で約20分煮る。
※鶏胸肉はまとめて1枚煮て、夜ごはん用に取っておいてもOK。

❶ 鶏胸肉は取り出しておく。

2 サツマイモはさっと洗って、濡れたままアルミホイルで包み、170℃のオーブンで1時間ほど焼く。もしくは、たっぷり濡らしたキッチンペーパーで全体を包んでジッパー付きビニール袋に入れ、600Wのレンジで2分加熱後、200Wで10分加熱する(弱い熱でじっくり加熱するのがねっとりさせるコツ。時間がないときは1の鍋で煮込んでもOK。または、市販の焼きイモでもOK)。

3 1の鍋に、ひと口大に切った2のサツマイモと豆乳(人用100ml＋犬用50ml)を入れて、ひと煮立ちさせる。

4 3の粗熱が取れたら、フードプロセッサーなどにかけ、ペースト状にする。

❷ 4から犬用を取っておく(体重5kgの場合は約150ml)。

5 タマネギは薄切りにする。フライパンにバター大さじ1/2を入れ、炒める。

6 3で使用した鍋に、人用の4、5、バター大さじ1/2を入れて、ひと煮立ちさせる。

7 6の粗熱が取れたら、再びフードプロセッサーにかけてペースト状にする。

8 器に盛り、黒こしょう、シナモンをかけ、ライムの皮をすり下ろして散らせば完成。

❸ ②に①を加えて、シナモンをかければ完成。

秋の
昼・夜ごはん

水ぎょうざと柿とヤマイモのサラダ

FOR DOGS

丸飲みする子には
崩してあげて

FOR OWNERS

つるんとジューシーで体が温まる水ぎょうざは、スープと一緒に与えられるから犬ごはんにもぴったり。長ネギは犬用を取り分けてから、最後に鍋に投入しましょう。素材の味ののぎょうざなので、人用には好みのタレもたっぷり用意して。柿や菊の花を使ったサラダで秋のデトックスも。

水ぎょうざ

〈材料〉

	2人分	犬(5kg/1頭分)
豚赤身挽き肉	220g	80g
白菜(もしくはキャベツ)	1枚	少々
大葉	4〜5枚	1枚
乾燥ひじき	大さじ1	少々
ぎょうざの皮(小麦アレルギーのある犬には米粉の皮)	約26枚	5〜6枚
昆布	5cm	
ショウガ	1片	
黒酢タマネギダレ(P88参照)	適宜	–
ラー油	適宜	–
青ネギ	適量	–

〈作り方〉

1 白菜と大葉は細かめのみじん切りにする。白菜はひとつまみの塩(分量外)で揉んでおく。乾燥ひじきは水(分量外)で戻してみじん切りにする。ショウガはすり下ろす。

2 ボウルに豚赤身挽き肉と1を入れて、よくこねる。

3 ぎょうざの皮を1枚ずつ手のひらにのせ、2を約10gずつのせてくるむ。

4 土鍋に水(分量外)と昆布を入れ、沸騰したら3を入れて、浮いてくるまでゆでる。

❶ 4からスープ150mlと水ぎょうざ5〜6個を、犬用の器に入れる。

5 4に青ネギを切ってのせ、ひと煮立ちさせれば完成。好みでラー油や黒酢タマネギダレを付けて。

柿とヤマイモのサラダ

〈材料〉

	2人分	犬(5kg/1頭分)
ナガイモ	4cm	1cm
柿	3/4個	1/4個
カボス汁(もしくはレモンかスダチ)	大さじ1	小さじ1/4
ごま油	小さじ1	–
塩	ひとつまみ	–
刻みのり	少々	少々
菊の花	3個	

〈作り方〉

1 人用のナガイモは長さ約4cmの短冊切りにする。柿は細長く切る。菊の花は下ゆでし、水を切る。

❷ 犬用のナガイモはすり下ろす。柿は少し細かめに刻む。1の菊の花から犬用を取っておく。

2 ボウルに人用のカボス汁とごま油を入れて混ぜる。

❸ ①に②をのせ、粗熱が取れたら、犬用のカボス汁と刻みのりをかけて完成。

3 2に1のナガイモと柿を入れてさっと和え、ひとつまみ程度の塩で味を調える。器に盛って、1の菊の花と刻みのりをのせれば完成。

FOR DOGS

秋の昼・夜ごはん

肉じゃがと、葉物ときのこの味噌汁

すり下ろしのジャガイモでとろりと食べやすい

FOR OWNERS

ホクホクでおいしい秋の新ジャガを皮付きのまま、肉とタマネギだけで煮込んだシンプルな肉じゃが。犬用にはタマネギを入れず、ジャガイモをすり下ろしてとろみを付けましょう。味噌汁には、緑黄色野菜ときのこをたっぷり使って、栄養バランスもバッチリ！

肉じゃが

〈材料〉

	2人分	犬(5kg/1頭分)
牛赤身肉	300g	80g
ジャガイモ	2〜3個	30g
タマネギ	1/2個	−
ショウガ	1片	−
砂糖	大さじ2	−
酒	大さじ2	−
しょうゆ	大さじ2	−
水(もしくはダシ汁)	70ml	−

〈作り方〉

1 牛赤身肉はひと口大に切る。ジャガイモは皮をよく洗って芽を取り除き、食べやすい大きさに切る。タマネギはくし切りにする。ショウガは薄切りにする。

❶ 1の牛赤身肉とジャガイモから犬用を取っておく。

2 フライパンに薄く油(分量外)を引き、1のタマネギを炒めて、油がなじんだら1の牛赤身肉を加える。

3 牛赤身肉の色が変わってきたら、砂糖を全体にまぶし、酒、しょうゆでタマネギと牛赤身肉にしっかり味を付ける。

4 3に1のジャガイモとショウガを加えて、水70mlを入れ、ふたをして強火で4〜5分煮込む。全体をひっくり返して、中火でさらに3〜4分煮込む。ジャガイモが柔らかくなったら、ふたを外して、強火で水分を飛ばせば完成。

葉物ときのこの味噌汁

〈材料〉

	2人分	犬(5kg/1頭分)
小松菜	1束	少々
まいたけ	1房	少々
ニンジン	1/3本	少々
ダシ汁	200ml	150ml
味噌	大さじ2	−

〈作り方〉

1 小松菜は長さ約3cmに切る。ニンジンは半月切りにする。まいたけは手でほぐす。

2 鍋にダシ汁(人用200ml+犬用150ml)を沸騰させ、1のニンジンとまいたけを入れて3〜4分煮る。小松菜を追加して、さらに1〜2分煮る。

❷ 2から汁150mlと具を犬用の鍋に移して火にかけ、①のジャガイモをすり入れる。

3 2の火を止めて、味噌を溶かせば完成。

❸ ②が沸騰したら、①の牛赤身肉を加えて火を通し、粗熱が取れたら完成。

犬用の根菜は
すり下ろしがおすすめ

FOR DOGS

秋の
昼・夜ごはん

秋野菜と魚介の蒸し物

作り置きのダシと
蒸し物でパパッとできる

FOR OWNERS

秋冬には登場回数がぐっと増えるのが、蒸し物。犬ごはんと一緒に作るには、もっとも手っ取り早くておいしく、野菜もたくさん食べられます。冷蔵庫にあるものをまとめて蒸して、人用には常備しているタレや塩でいただきましょう。

秋野菜と魚介の蒸し物

〈材料〉

	2人分	犬(5kg/1頭分)
生鮭	2切れ	1切れ弱
ホタテ	3〜4個	1個
レンコン	1節	1cm
カリフラワー	1/3株	1房
カブ(葉も含む)	中1・1/2個	中1/2個
甘酒味噌ダレ(P89参照)	適宜	−

〈作り方〉

1 人用の鮭とホタテに塩(分量外)をひとつまみ振って、20〜30分置いた後、鮭は食べやすい大きさに切る。

❶ 犬用の鮭は骨を取って、ひと口大に切る。

2 人用のレンコンは1cm厚の輪切りに、カブの根は4分の1のくし切りに、葉は食べやすい長さに切る。カリフラワーは犬用も含めて食べやすい大きさに切る。

❷ 犬用のレンコンとカブの根はすり下ろす。カブの葉は細かく刻む。

3 せいろに**1**の鮭とホタテ、**2**の野菜を並べる。蒸気の上がった鍋にせいろをのせて、10分ほど蒸せば完成。塩や甘酒味噌ダレなど、好みの味付けで食べる。

※せいろがない場合は、浅めの皿にクッキングシートを敷き、食材を並べて、上部を折り曲げて閉め、600Wのレンジで6〜7分加熱する。

❸ **3**から犬の分のカリフラワーを取り出し、細かく刻む。

サトイモの味噌汁

〈材料〉

	2人分	犬(5kg/1頭分)
サトイモ	1・1/2個	1/2個
ひじき	大さじ1	少々
油揚げ	1/2枚	−
ダシ汁	400ml	150ml
味噌	大さじ2	−

〈作り方〉

1 サトイモは皮をたわしでこすり落とし、1cm厚に切る。油揚げは湯通しして細切りにする。ひじきは刻む。

2 鍋にダシ(人用400ml+犬用150ml)を沸騰させ、**1**のサトイモとひじきを入れて、柔らかくなるまで4〜5分煮る。

❹ **2**から汁150mlと具を犬用の鍋に移し、①と②、犬用のホタテを加えて7分煮る。

3 **2**に油揚げを加えてひと煮立ちさせ、火を止めて味噌を溶かせば完成。

❺ ④を器に移し、③を加えて、粗熱が取れたら完成。

FOR DOGS

秋の

昼・夜ごはん

サンマのぐるぐる焼き

旬のサンマで
血を巡らせて秋じたく

秋が旬のサンマを、バジルと一緒にぐるぐる巻いて洋風に。ズッキーニやミニトマトも一緒に焼けば、ジューシーで温かい添え物になります。夏の疲れをねぎらい、潤いとエネルギーを補いましょう。犬用にはニンジンのすり下ろしも入れて、色鮮やかな一皿に。

サンマのぐるぐる焼き

〈材料〉

	2人分	犬(5kg/1頭分)
サンマ	2尾	1尾
バジル	8枚	4枚
ズッキーニ	1本	少々
ミニトマト	7〜8個	1個
塩	少々	–
ローズマリー(あれば)	1〜2本	–
片栗粉(もしくは米粉)	少々	
オリーブオイル	大さじ1	–
バルサミコ酢(あれば。もしくはレモン汁)	大さじ1/2	–

〈作り方〉

1 サンマは3枚に下ろして、骨を取り除く。半身をそれぞれ半分の長さに切って、水気を拭き取る。

2 皮が外側になるようにして、バジルを内側にのせ、くるくる巻き込んで丸め、端をつまようじで留める。

3 人用の2に塩を軽めに振って、片栗粉をはたく。

❶ 犬用の2には塩を振らず、片栗粉をはたく。

4 ズッキーニは縦じま模様になるように皮をむき、人用は約2cm厚の輪切りにして、軽く塩を振る。ミニトマトはヘタを取り、人用はつまようじで穴を空ける。

❷ 犬用のズッキーニとミニトマトは、食べやすい大きさに切る。

5 フライパンにオリーブオイルを熱し、3と4のズッキーニにローズマリーをのせて並べ、ふたをして中火で5〜6分蒸し焼きにする。

6 5のサンマとズッキーニをひっくり返し、4のミニトマトを加えて、ふたをしてさらに4〜5分焼く。最後にふたを外して、カリッと焼き目を付ける。

7 器に盛り、バルサミコ酢を回しかければ完成。

リンゴとニンジンのラペ

〈材料〉

	2人分	犬(5kg/1頭分)
ニンジン	1本	約2cm
リンゴ	3/4個	1/4個
リンゴ酢	大さじ1	ティースプーン1/2
オイル	大さじ1	–
塩	小さじ1/4	–
ディル	少々	少々
水	–	150ml

〈作り方〉

1 人用のニンジンは細切りにする。リンゴはよく洗い、皮をむいて千切りにする。

❸ 犬用のニンジンとリンゴはすり下ろす。

2 1に塩を振り、10分ほど置いてから水気を絞る。

3 ボウルにリンゴ酢とオイルを入れて混ぜ、2を加えて和える。ディルを散らして完成。

❹ 鍋に水150mlを沸騰させ、①のつまようじが付いたままのサンマ、②を入れてゆでる。

❺ サンマに火が通ったら、③を入れて、1分ほど火を通す。

❻ ⑤を器に移し、サンマのつまようじを必ず抜く。粗熱が取れたら、リンゴ酢を加え、ディルを散らして完成。

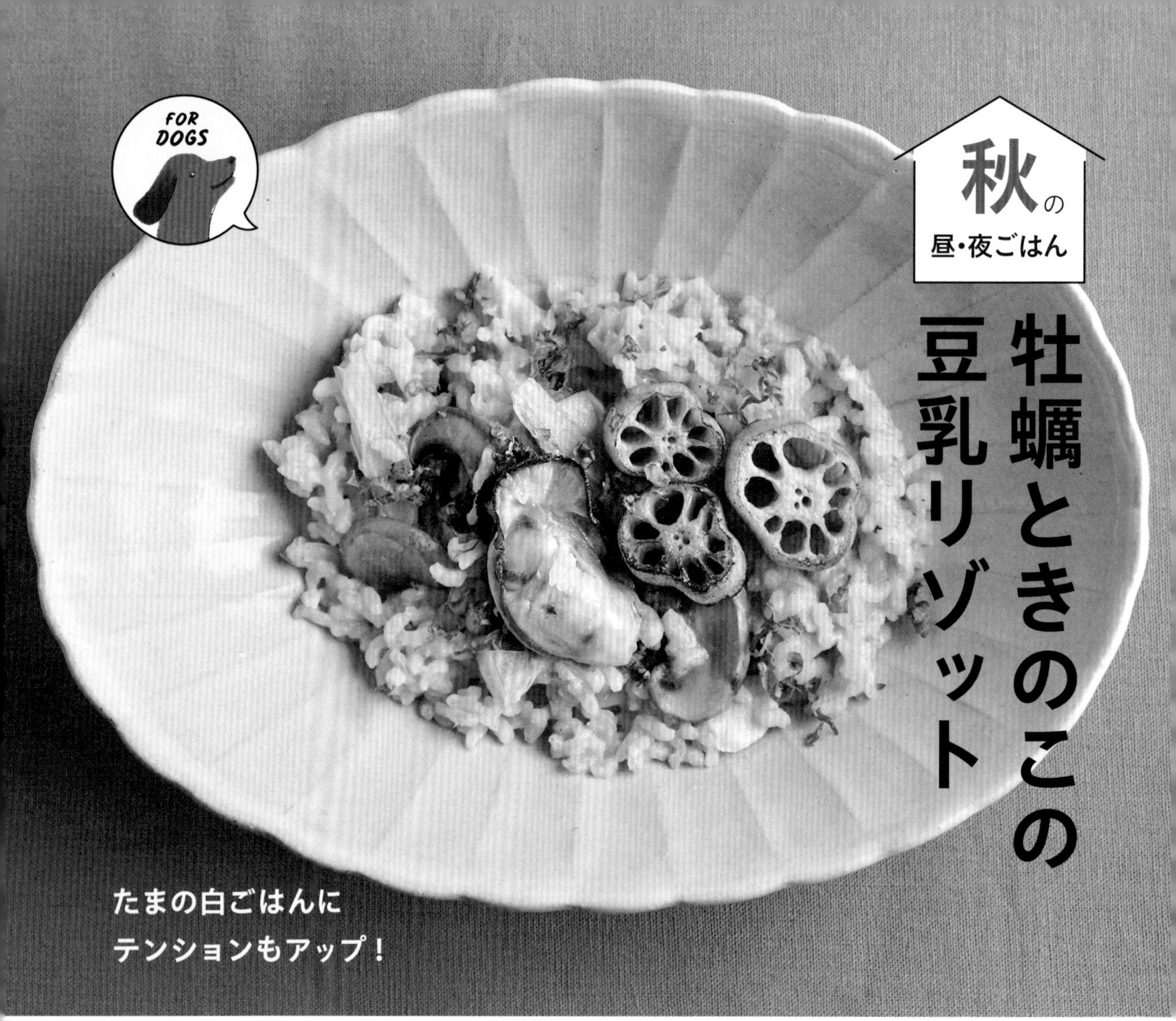

FOR DOGS

秋の昼・夜ごはん

牡蠣ときのこの豆乳リゾット

たまの白ごはんにテンションもアップ！

FOR OWNERS

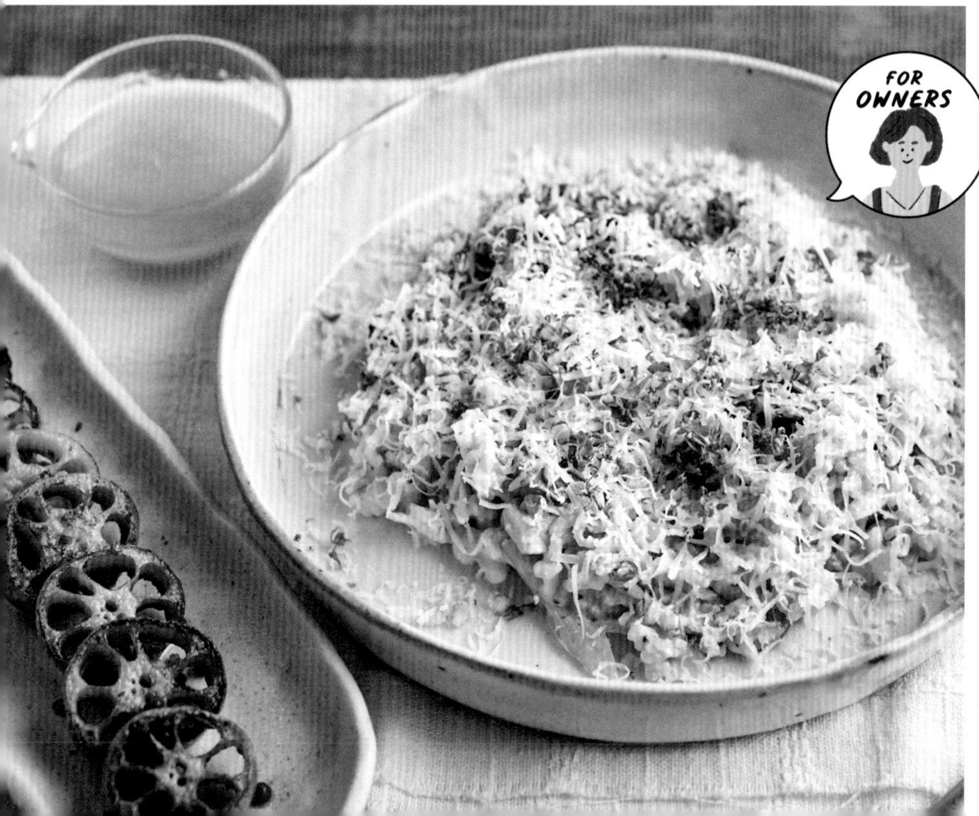

冷やごはんを使って、タマネギの代わりにセロリの旨味を利用した、簡単リゾットを作りましょう！「海のミルク」とも呼ばれる牡蠣を入れれば、タウリンをはじめミネラルの補給もできます。秋に多い気管の乾燥に有効なレンコンは、焼くだけで素材の旨味を楽しめます。

牡蠣ときのこの豆乳リゾット

〈材料〉

	2人分	犬(5kg/1頭分)
牡蠣むき身	10個	1個
ごはん	茶碗1・1/2杯	30g
マッシュルーム	30g	5g
まいたけ	30g	5g
エリンギ	30g	5g
セロリ	1本	3cm
豆乳	200ml	50ml
パルメザンチーズ	大さじ1〜2	−
白ワイン(もしくは酒)	75ml	−
塩	少々	−
黒こしょう	少々	−
パセリ	少々	少々
オリーブオイル	大さじ1	

〈作り方〉

1 牡蠣は塩(分量外)でよく揉み洗いして、水気を切る。マッシュルーム、まいたけ、エリンギ(しいたけ、しめじなどでもOK。きのこ2〜3種)は割くか切る。セロリはみじん切りにする。

❶ **1**の牡蠣から犬用を取っておく。

2 鍋に白ワインを沸騰させ、**1**の牡蠣を入れる。牡蠣がぷっくり丸くなったら取り出す。汁はとっておく。

3 フライパンにオリーブオイルを熱して、**1**のマッシュルーム、まいたけ、エリンギ、セロリを炒め、豆乳を加えて煮立たせる。

4 ごはんはザルに入れて水洗いし、水気を切って**3**に加える。水分が煮詰まり、トロッとするまで煮る。

❷ **4**を大さじ4〜5、犬用に取っておく。

5 **4**に**2**の汁を加えてさらに煮詰め、塩と黒こしょうで味を調える。器へ盛り、**2**の牡蠣をのせて、パルメザンチーズとパセリを振れば完成。

焼きレンコン

〈材料〉

	2人分	犬(5kg/1頭分)
レンコン	1〜2節	輪切り2cm
オリーブオイル	適宜	−
塩レモンダレ(P89参照)	適宜	−
ピンクペッパー	適宜	−
水	−	120ml

〈作り方〉

1 レンコンは約8mm厚の輪切りにして、酢水(分量外)に5分ほど浸ける。

2 フライパンにオリーブオイルを熱し、**1**の水気を切って、つまようじがスッと入るまで、じっくり両面焼く。

❸ **2**のレンコンから犬用を取っておく。

❹ 鍋に水120mlを沸騰させ、①を入れて5分ほどゆでる。②を加えてひと煮立ちさせたら、犬用の器に移す。

3 仕上げにピンクペッパーをかけて完成。塩レモンダレなど好みのタレで食べる。

❺ ④の粗熱が取れたら、③をのせ、パセリをかければ完成。

秋のスペシャルごはん

ハロウィンごはん

いつもと違うハロウィンごはんで、みんなを驚かせちゃいましょう！
しゅうまいの皮を細切りにしてのせたゴーストしゅうまいは、
見た目は怖いけれど味はいつも通り。ポテトサラダの黒は麻炭の色で、
老廃物の排出をサポートしてくれるから、見た目以上に健康的なんです。

ゴーストしゅうまい

〈材料〉

	2人分	犬（5kg/1頭分）
鶏胸挽き肉	200g	
紫キャベツ（なければキャベツ）	1〜2枚	
黒ごま	少々	
ショウガ	1/2片	
しゅうまいの皮	20枚	
黒酢タマネギダレ（P88参照）	適宜	–

〈作り方〉

1. しゅうまいの皮を包丁で約3mmの細切りにする。
2. 紫キャベツはみじん切りにする。ショウガはすり下ろす。
3. ボウルに鶏胸挽き肉と**2**を入れて、よくこねる。
4. **3**を高さ3cm、幅2cmほどの楕円の球に丸める。
5. せいろに**4**を離して並べ、**1**の皮をかぶせるようにのせる。蒸気の上がった鍋にせいろをのせて、10分ほど蒸す。
   ※せいろがない場合は、しゅうまいを耐熱皿に並べてふわっとラップをかけ、600Wのレンジで5〜6分加熱する。
6. **5**のしゅうまいに1つずつ、黒ごまで目を付ければ完成。人用には、黒酢タマネギダレなど好みのタレを付けて。

❶ 犬用にはタレを付けず、1〜2個そのまま与える。

黒いポテトサラダ

〈材料〉

	2人分	犬（5kg/1頭分）
ジャガイモ	2個	
キュウリ	1本	
麻炭	耳かき2〜3杯	
マヨネーズ	大さじ2	–
大根	3cm	

〈作り方〉

1. キュウリは薄切りに、大根も5〜6mm厚の薄切りにする。ともに塩水（分量外）に3〜4分浸けてから、キュウリは絞り、大根はキッチンペーパーで水気を拭き取る。
2. ジャガイモは皮をむいて芽を取り除き、1cm厚の輪切りにしてから、ゆでる。
3. **2**が柔らかくなったらザルにあげ、マッシャーでつぶして、麻炭を加えて全体を黒くする。
4. **3**に**1**のキュウリを混ぜる。

❷ **4**を大さじ2程度（しゅうまいと同じ大きさぐらい）、犬用に取って与える。

5. **4**の残りにマヨネーズを加えて、よく混ぜる。**1**の大根をゴースト型に切り、飾れば完成。

FOR OWNERS
FOR DOGS
見た目が楽しい
パーティーごはん！

秋のおやつ

いろいろお月見団子

十五夜や十三夜におそなえするのは、本来は月色の団子。けれど、さまざまな食材を使ってカラフルにしたり、好みの色1色にしたりしても楽しいかも！　サツマイモやカボチャ、白玉粉でできているので、犬も人も一緒にいただけます。

サツマイモ団子

〈材料〉約6個分

	人	犬
サツマイモ	100g	
紫芋粉（あれば）	大さじ1/2	

〈作り方〉

1 サツマイモは皮をむいて、2cm厚の薄切りにする。

2 鍋に水（分量外）を沸騰させて、1が柔らかくなるまで3〜5分ゆでる。もしくは、1の全体に水を付けてラップで包み、600Wのレンジで3分加熱する。

3 2をマッシャーなどでつぶす。

4 3の半分の量を約3cmの団子に丸める。紫芋粉があれば、残りの半分に混ぜて紫色にし、約3cmの団子にすれば完成。

豆腐団子

〈材料〉約6個分

	人	犬
絹ごし豆腐	50g	
白玉粉	50g	
青のり	適宜	

〈作り方〉

1 ボウルに絹ごし豆腐と白玉粉を入れ、耳たぶほどの柔らかさになるまで、よく練る。

2 鍋にたっぷりの水（分量外）を沸騰させ、1を約3cmの団子にしながら入れて、ゆでる。団子が浮き上がってきたら、冷水に取って冷ます。

3 皿に青のりを入れ、2を転がすようにしてまぶせば完成。
※家族用は麹あんこ（P140参照）と合わせるとよい。

カボチャ団子

〈材料〉約6個分

	人	犬
カボチャ	50g	
白玉粉	50g	
豆乳	大さじ3〜4	
白すりごま	適宜	

〈作り方〉

1 カボチャは種を取り、皮をむく。

2 鍋に水（分量外）を沸騰させて、1が柔らかくなるまで3〜5分ゆでる。もしくは、1の全体に水を付けてラップで包み、600Wのレンジで3分加熱する。

3 2をボウルに入れてマッシャーなどでつぶす。白玉粉を加えて、さっと混ぜる。

4 3に豆乳を少しずつ入れて、耳たぶほどの柔らかさになるまで練る。

5 鍋にたっぷりの水（分量外）を沸騰させ、4を約3cmの団子にしながら入れて、ゆでる。団子が浮き上がってきたら、冷水に取って冷ます。

6 皿に白すりごまを入れ、5を転がすようにしてまぶせば完成。

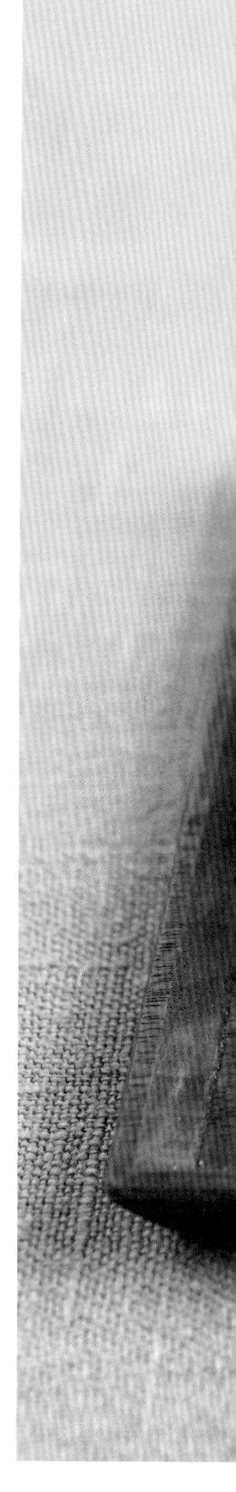

焼きリンゴ

腸の薬とも言われているリンゴを、おやつに愛犬とシェアしましょう！半分に切って、芯をくり抜き、人用にはバター、犬用にはうずら卵を入れて焼くだけ。シナモンたっぷりで秋の香り。

〈材料〉

	人	犬
リンゴ（紅玉）	1個	
シナモン	適宜	
メープルシロップ	大さじ1	小さじ1
バター	8g	–
うずら卵（あれば）	–	1個
アーモンドクランチ	適宜	
ミント（あれば）	適宜	

〈作り方〉

1 リンゴは皮を塩でこすり洗いするか、重曹に浸けてよく洗う。横半分に切って、芯をくり抜く。

2 人用には、芯をくり抜いた穴にバターとメープルシロップを入れる。

❶ 犬用には、くり抜いた穴にうずら卵を割り入れ、メープルシロップを入れる。

3 耐熱皿に2と❶を並べ、シナモンとアーモンドクランチを全体に振って、アルミホイルで覆う。180℃のオーブンで30分焼くか、トースターで20分焼く。

4 焼き色が付いて、竹串がすっと入る柔らかさになれば完成。ミントを飾ってもOK。

❷ 犬用は冷ましてから与える。

\我が家の/
ごはん事情❸

犬と飼い主、お互いの健康が幸せの源

数年前までは、犬ごはんといえばドライフードか缶詰か、まれにレトルトかの3択。それがここ数年で、フリーズドライやほぼ手作りに近い冷凍品など、さまざまな犬のごはんが展開されるようになり、選択の幅はぐっと広がりました。おかげで、犬たちの食生活も年中同じカリカリから、とても豊かな食生活に、もしくは昔々の残りもののごはんをもらっていたころに近くなったように思います。

7〜8年前は、「犬に手作りごはんを」と言うと、「そんな贅沢な」とか「擬人化している」などと否定的な意見を聞くこともしばしば。「旬の新鮮な食材を使った体が喜ぶごはんを、犬たちにも食べさせたい。それが病気の軽減にもつながるのでは」というわたしの思いを理解してもらうのは、なかなか難しいことでした。

わたしにとっての犬ごはんは、犬たちを擬人化して、人と同じものを食べさせて楽しむのが目的ではありません。あくまでも、犬は犬として犬らしく。犬はわたしたちの赤ちゃんでも子ども代わりでも、アクセサリーでもない。あくまでも一緒に暮らす相棒、家族、パートナーです。

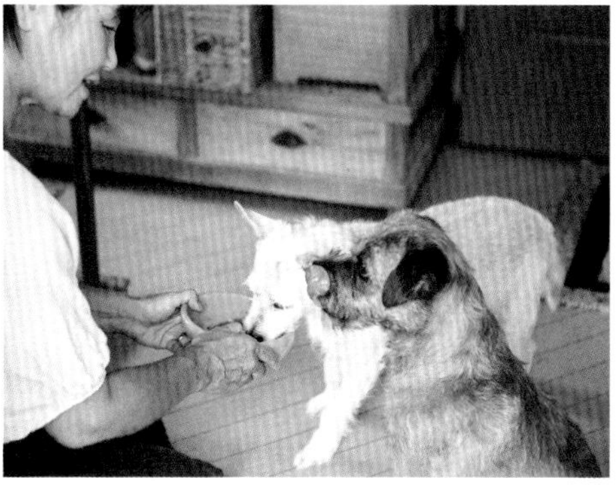

犬ごはんはわたしにとって、体を整えるための一つのツールであり、犬たちと通じ合えるコミュニケーション手段でもあります。もちろん、お誕生日など特別な日は、いつもより楽しくおいしいものを用意することもあります。けれど毎日のごはんは、「一生を通して、できる限り病気知らずで健やかに過ごしてほしい」と願うものでありたいと思っています。

キッチンに立つと、寝ていた犬たちがシッポを振って集まってくる。このなんてことない日々の風景が、わたしの幸せホルモンをいっぱい分泌してくれます。この時間がわたしの心身の健康の源となっていて、それが1日2回も訪れるのですから、わたしが健康でいられるわけなのです。

犬たちが元気でいてくれることは、わたしたち飼い主にとって何よりも喜ばしく、平穏な毎日を送ることができる、重要な要素の一つです。逆に、わたしたち飼い主が元気にわたしたちの生活を楽しんでいることは、犬たちにとっても喜ばしく、元気に過ごせる源になると思っています。

お互い健やかに、笑顔あふれる毎日でありますように。

今日もピカピカに舐め回した空っぽの器が見たくて、犬ごはんを作ります。

WINTER
Recipe

冬のレシピ

冬はクリスマスや正月などのイベントが多く、家族や友人と大勢で食卓を囲むのも楽しい季節。葉物や根菜、魚介など旬を迎える食材も多く、寒い日には、鍋に食材を入れて煮込むだけの簡単な鍋料理やスープなどを、愛犬と一緒においしくいただきましょう。

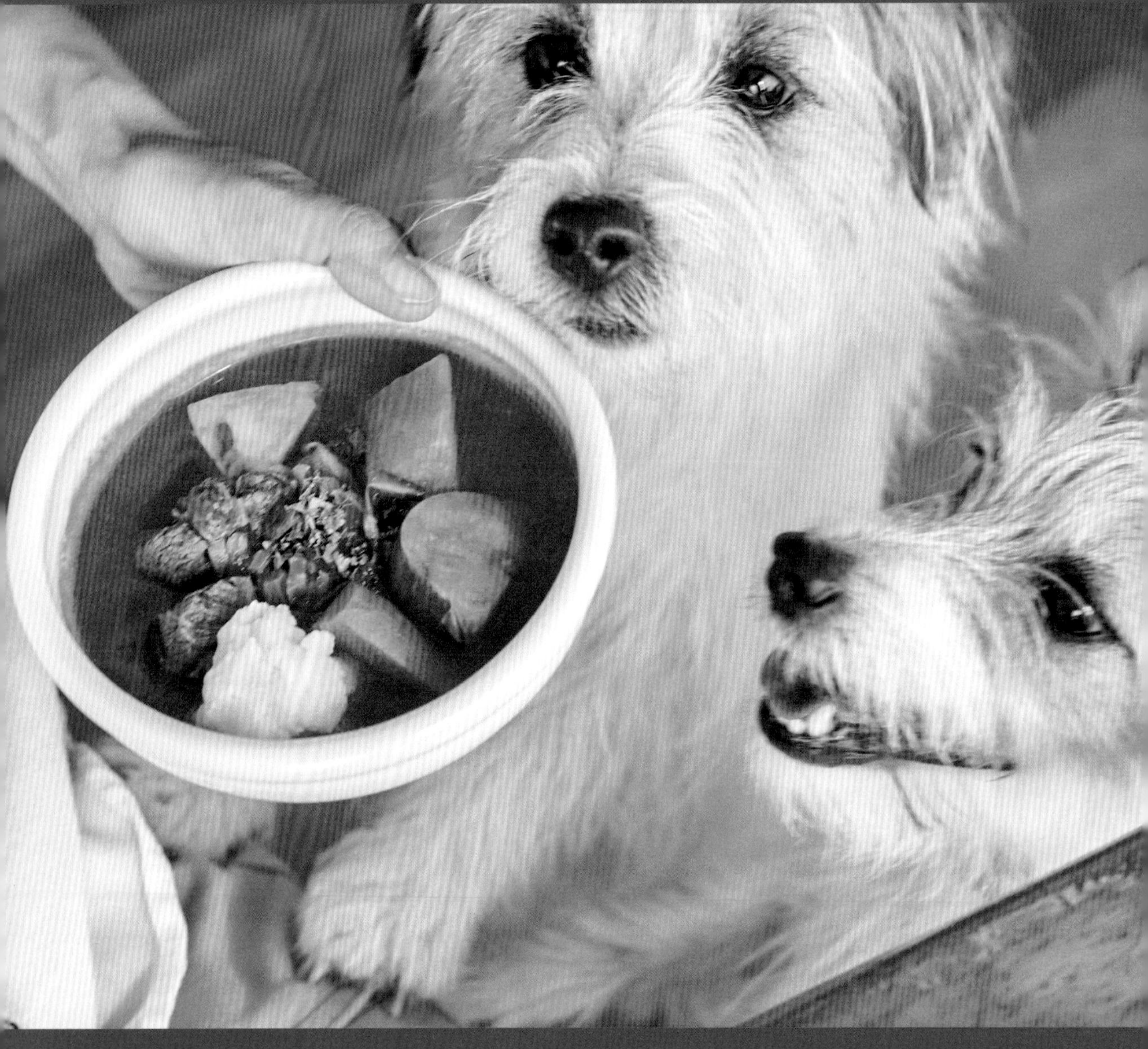

冬に取り入れたい食材って？

寒さの深まる冬は、「万病のもと」である冷えが迫る季節。冷えの影響を一番に受けやすい腎機能が低下すると、老化が進むと言われています。食事でも冷え対策をしっかり！

1　体を温めて冷え対策

動物は、体温が1℃下がると免疫力が30％低下すると言われています。冷えが原因で起こる病気や不調は多く、冷えると血液循環が悪化することから、内臓の不調や、関節へのダメージなどが現れてきます。体を温める食材を積極的に取り入れて、冷え対策をしましょう。

例えばこんな食材

ラム肉、牛肉、マッシュルーム、
カボチャ、カブ、乾燥ショウガ粉、シナモン、栗 など

2　腎臓の働きをサポートする

「生命の源」とも言われる腎臓は冷えの影響を受けやすく、体が冷えると腎臓の働きが低下してしまいます。そうなると、ホルモンバランスが乱れたり、骨や歯が弱くなったり、老化が進んでしまったりといった影響が現れます。「腎」を整え、生命力と免疫力を高める食材を取り入れましょう。

例えばこんな食材

黒ごま、ブロッコリー、カリフラワー、黒米、
ひじき、牡蠣、鯛、しいたけ、くこの実 など

3　余分な水分を排出する

体内の水分の流れが滞って、水分過多になりむくんだりした結果、体が冷えることもあります。冷えによって体内の水分代謝をコントロールする「腎」の働きが弱まり、さらに冷えてしまいます。このタイプの場合は、余分な水分を排出する食材とともに、体を温める食材を取りましょう。

例えばこんな食材

あずき、海藻類、ハクサイ など
（シナモンや乾燥ショウガ粉と合わせて）

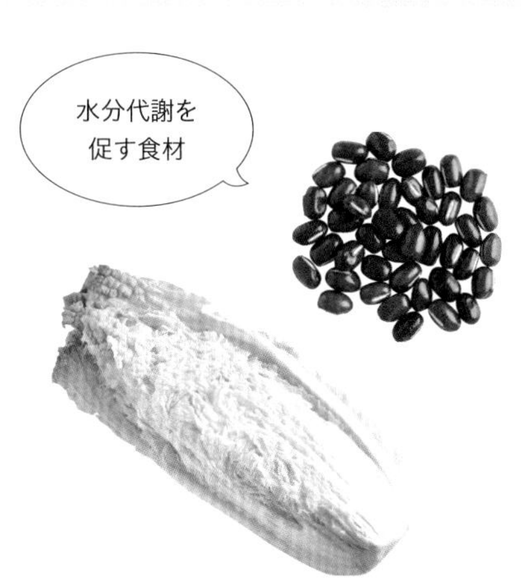

冬におすすめの食材

この時期に旬を迎えるものや、旬の体のケアに役立つものなど、冬の時期に家族と愛犬で積極的に食べたい食材を紹介します。いろいろな食材をローテーションしながらごはんを作る中に、これらの食材も組み込んで、季節を楽しみながらケアしましょう。

肉・魚介

牛肉

国産よりも輸入のもののほうが、赤身が多く脂質が少ない。脂質で軟便になりやすい犬には量を少なめに。

ラム肉

体を温める効果がとても高い肉。冷えが進んでいる犬におすすめ。夏の暑い時期は控えめに。

牡蠣

栄養価の高さから「海のミルク」と言われる。体を潤し肝機能をサポートしてくれるタウリンが豊富。冬には月2〜3回与えたい。

タラ

低脂肪で高タンパク。気や血を補うとされており、消化にも優しい魚なので、老犬にもおすすめ。

トッピング、その他

黒米

腎の機能を高めるほか、老化防止、水分の調整、呼吸を整えるといった効果が期待できる。紫色のアントシアニンは目のケアに。

朝鮮人参

「漢方の王様」と呼ばれ、元気を補う強い作用を持つ。豊富なサポニンが、新陳代謝や抗酸化作用、免疫力を高めるとされる。

ショウガ

乾燥させたショウガには、温める力が強いジンゲロンが多くなり、お腹の中心を温めると言われている。摂りすぎには注意。

野菜

ブロッコリー
高い抗酸化作用と解毒作用が期待され、がん予防効果で注目されている。日々少しずつコツコツと与えたい食材。

カブ
根も葉も栄養価が高く、体を温める効果が期待できる。根には胃を整える消化酵素が多く、葉にはカロテンやカルシウムが豊富。

ハクサイ
水分を多く含み、カサ増しに使える。芯には甘味が多くビタミンCも豊富なので、犬におすすめ。消化にも優しい。

ホウレンソウ
牛レバーと同等の鉄分を含む高栄養価の野菜。シュウ酸を多く含むので、必ずゆでこぼしを。シュウ酸カルシウム結晶のある犬にはNG。

カリフラワー
カリフラワーに含まれるビタミンCは、加熱しても損失が少ない。粘膜保護の作用も期待でき、消化不良の改善にもおすすめ。

芽キャベツ
キャベツの4倍のビタミンCを含み、胃を整えてくれるビタミンAは14倍。大きさからも犬に与えやすい。

果物

キンカン
柑橘系では珍しく、体を温め血行をよくする効果が期待できる。皮ごと食べられ消化促進や乾燥予防に。冬は1日1個おやつやごはんに。

FOR DOGS

冬の朝ごはん

朝の茶碗蒸しと味噌焼きおにぎり

高齢の愛犬にも
ぴったりの朝ごはん

FOR OWNERS

少し余裕のある冬の休日の朝に作りたい、温活ごはん。タンパク質がしっかり摂れて、消化がよく、体を温めてくれる茶碗蒸しから始まる朝は、家族にも愛犬にもじんわりとスイッチが入ります。犬用にも小さなおにぎりを添えて、ボリューム感アップ。

朝の茶碗蒸し

〈材料〉

	2人分	犬(5kg/1頭分)
卵	1個	1個
水	約150ml	約150ml
白ダシ	大さじ1	–
しいたけ	1枚	少々
鶏ササミ	1本	1本
三つ葉	3〜4本	1〜2本

〈作り方〉

1 しいたけは薄切りにする。鶏ササミはひと口大に切る。三つ葉は洗って、細かく切る。

2 茶碗蒸し用の耐熱容器に**1**の人用の鶏ササミとしいたけを入れて、ラップはしないで、600Wのレンジで30秒加熱する。

❶ 犬用の器にも犬の分の鶏ササミとしいたけを入れて、**2**と同様にする。

3 計量カップに人用の卵を割り入れて溶き、卵液の2.5倍量の水(卵1個の場合は約150ml)と、白ダシを入れる。泡立たないように混ぜ、茶こしなどでこしながら、**2**の器にそそぐ。泡は、着火ライターの火を近づけるなどして消す。

❷ 犬用は、白ダシを入れず、**3**と同様にする。

4 **3**にラップをふわっとかけて、200Wのレンジで6分加熱する。ようすを見て、足りなければさらに1分加熱する。

※レンジに200Wがない場合は、解凍モードで代用するか、500Wで2分30秒加熱する。

5 火が通ったら、三つ葉をのせて完成。

❸ 犬用も**4**、**5**と同様にする。

味噌焼きおにぎり

〈材料〉

		2人分	犬(5kg/1頭分)
ごはん		300g	30g
A	赤味噌(なければ普通の味噌)	60g	小さじ1/6
A	みりん	大さじ2	–
A	砂糖	大さじ2	–
七味		適宜	–

〈作り方〉

1 温かいごはんを食べやすい大きさに丸めて平らにし、30分ほど並べておいて、表面を乾燥させる。

❹ 犬用に小さなおにぎりを丸める。

2 耐熱容器に人用の**A**をすべて入れてよく混ぜ、600Wのレンジで1分半、ラップをしないで加熱する。一度取り出して混ぜ、600Wのレンジでさらに1分加熱し、練る。水っぽい場合は、さらに30秒加熱する。

❺ ④に赤味噌を小さじ1/6だけのせて、③に添え、粗熱が取れれば完成。

3 **1**に**2**を塗って、トースターか魚焼きグリルで5分ほど焼けば完成。好みで七味を振る。

納豆フリッタータ

フライパン一つで手軽に作れる、具だくさんのイタリアンオムレツ。具材は何を入れてもいいけれど、日本の朝ごはんの定番・納豆を入れたら、思いのほかマッチ！　小・中型の犬用には小さなスキレットで同様に焼きましょう。人用は、犬用を取り分けてから味付けするだけ。

ジャガイモと卵、納豆は犬たちも大好物！

FOR OWNERS

〈材料〉

	2人分	犬(5kg/1頭分)
卵	3個	1個
セロリ	1/2本	1/4本
ジャガイモ	3/4個	1/4個
まいたけ	15g	5g
大葉	2～3枚	1枚
納豆	1パック	
オリーブオイル	適宜	
粉チーズ(あればパルミジャーノ・レッジャーノ)	大さじ2	–
塩	適宜	–
黒こしょう	適宜	–
ヤギミルク(豆乳か水でもOK)	–	100ml

〈作り方〉

1 セロリは薄切りにする。ジャガイモは皮をむいて、2mm厚のいちょう切りにする。まいたけは手で割く。大葉は千切りにする。納豆はよく混ぜる(タレは**4**で使用)。

2 フライパンにオリーブオイルを熱して、**1**のセロリがしんなりするまで炒める。**1**のジャガイモ、まいたけも加えて、さらによく炒める。

3 ボウルに卵を溶きほぐし、**2**と大葉、納豆を入れて混ぜる。

❶ 3のうち、犬の分をスキレットに移す。

4 **3**の残りに塩、黒こしょう、粉チーズ、納豆のタレを入れて、よく混ぜる。

5 耐熱の型やフライパンに少量の油(分量外)を薄くのばし、**4**を流し入れる。

6 **5**を180℃のオーブンで20分ほど、表面に焼き色が付くまで焼く。

❷ ①も同様に、6と一緒にオーブンで焼く。

7 型から出して、食べやすい大きさに切れば完成。

❸ ②の粗熱が取れたら、薄めのヤギミルクを加えて完成。

FOR DOGS

冬の
昼・夜ごはん

サバ缶白菜豆腐グラタン

塩分を減らせば
人用とほぼ同様に作れる

FOR OWNERS

サバ缶と白菜は煮付けてもおいしい組み合わせ。また、味噌とチーズも、いろいろと応用の利く発酵コンビ。この2つを合体させて焼くだけの、簡単で温まる一品です。下にごはんを敷き込んでドリア風にすれば、ボリュームのあるメニューに！

サバ缶白菜豆腐グラタン

〈材料〉

	2人分	犬(5kg/1頭分)
サバ缶(食塩不使用)	4/5缶	1/5缶
白菜	1〜2枚	30g
絹ごし豆腐	1丁	大さじ1
マッシュルーム	4〜5個	1個
しめじ	1/2パック	3〜4房
味噌	小さじ2・1/2	
オイル	小さじ1	
ピザ用チーズ	60〜80g	ごく少量

〈作り方〉

1 絹ごし豆腐は水気を切り、キッチンペーパーを2重にして包み、600Wのレンジで3分ほど加熱して水切りする。キッチンペーパーを交換して冷ます。

2 白菜は約1.5cmのざく切りにする。しめじは石突きを取り、房を小分けにする。マッシュルームは1/2に切る。

3 フライパンに油(分量外)を熱し、**2**の白菜、しめじ、マッシュルームをしんなりするまで炒める。

❶ 3から犬用を取っておく。

4 ボウルに**1**の絹ごし豆腐と、味噌、オイルを入れ、泡立て器で混ぜて練る。

❷ 4から犬用を取っておく(体重5kgの場合、約大さじ2)。

5 **4**に**3**、人用のサバ缶を入れて全体を混ぜ、耐熱皿に入れる。

6 **5**にピザ用チーズをたっぷりのせてトースターで焼き、焼き色が付けば完成。

❸ 耐熱皿に①、②、犬用のサバ缶を入れて、湯を大さじ3(分量外)加える。ピザ用チーズをごく少量のせて、人用と一緒にトースターで焼く。

焼きブロッコリー

〈材料〉

	2人分	犬(5kg/1頭分)
ブロッコリー	1/2株	1房
コチュジャンダレ(P88参照)	適宜	−

〈作り方〉

1 ブロッコリーは茎に包丁を入れて割く。

2 フライパンに油(分量外)を熱して、**1**を強火で炒める。

❹ ③に犬の分の2をのせて、粗熱が取れれば完成。

3 好みでコチュジャンダレをかければ完成。

タラちり

忙しい日に、家族と愛犬のごはんを一気に作るなら鍋。野菜をたくさん食べられて、体も温まる、冬の王様メニューです。作り方は、材料を土鍋に入れて火にかけるだけ。鍋の裏の主役である長ネギは、トースターかグリルで焼いておき、犬用を取り分けてから入れましょう。

野菜にタラのおダシが染みて
おいしいごはん

FOR OWNERS

〈材料〉

	2人分	犬(5kg/1頭分)
生タラ	2切れ	1切れ
春菊	1/2束	1本
白菜	2～3枚	1/2枚
ニンジン	1/2本	1/8本
しいたけ	4枚	1枚
豆腐	1/2丁	1/8丁
長ネギ	1/2本	–
根昆布	8cm	
水	800ml	150ml
タラの白子(あれば)	150g	少々
きんかん(あれば)	4個	1個
キムチダレ(P88参照)	適宜	–

〈作り方〉

1 生タラは水気を切って、ひと口大に切る。白菜は3～4cmのざく切りにする。春菊は3等分の長さに切る。ニンジンはピーラーで帯状にする。しいたけは石突きを取り、人用は笠に十字の切り込みを入れ、犬用は薄切りにする。豆腐はひと口大に切る。きんかんはへたを取る。タラの白子はよく洗い、さっとゆでて氷水にさらし、水気を拭き取りひと口大に切る。

2 土鍋に根昆布と水(人用800ml+犬用150ml)を入れて火にかけ、沸騰したら根昆布を取り出す。

3 1をすべて2に入れ、ふたをして煮る。

❶ 3のうち、犬の分のすべての具材と汁150mlを犬用の器に移す。

❷ 粗熱が取れたら、タラの骨を取り除いて完成。

4 長ネギを4cmの長さに切り、トースターかグリルで5分ほど焼く。

5 3に長ネギを加えて、さっと煮れば完成。キムチダレやポン酢など、好みのタレを付けて食べる。

FOR DOGS

冬の
昼・夜ごはん

グヤーシュ マッシュポテト添え

家族のスープより少し薄めて

FOR OWNERS

肉をパプリカパウダーで煮込んだハンガリーの家庭料理、グヤーシュ。唐辛子の一種であるパプリカには辛みがまったくなく、ビタミンB群と鉄を多く含み、血液浄化が期待できます。1晩置くとさらにおいしくなるので、多めに作って残りを翌日の朝ごはんにしてもOK！

グヤーシュ

〈材料〉

	3人分	犬(5kg/1頭分)
牛すねかたまり肉(もしくは牛モモ肉か牛ロース肉)	600～700g	80g
まいたけ	1パック	1/8パック
セロリ	1本	1/8本
大根	200g	40g
ニンジン	1本	1/6本
ジャガイモ	2個	1/3個
タマネギ	1個	–
トマト	1個	1/4個
トマト缶	1缶	
パセリ	少々	少々
オリーブオイル	大さじ1・1/2	
クミンシード	小さじ1	
パプリカパウダー	大さじ1	
ローリエ	2枚	
塩	適宜	–
黒こしょう	適宜	–
水	–	100ml

〈作り方〉

1. 牛すねかたまり肉を大きめのひと口大に切り、まいたけを割いてまぶして、ローリエも一緒にジッパー付きビニール袋に入れ、30分～1晩置く。
2. セロリ、タマネギはそれぞれみじん切りにする。大根とニンジンは太く短めのスティック状に切る。ジャガイモは皮をむいて芽を取り除き、大きめのひと口大に切る。トマトは、皮を湯むきか直火むきし、ざく切りにする。パセリはみじん切りにする。
3. 鍋にオリーブオイルを熱して、クミンシードを弱火で炒める。香りが出たら、**2**のセロリを加えて、弱火でじっくり炒める。**2**のトマトを加えて、中火で2～3分加熱し、水分を飛ばす。パプリカパウダーを加えて、焦がさないように、さらに中火で2～3分炒める。
4. トマト缶に水(分量外)を足して1.2Lにし、**3**に加え、沸騰したら火を弱めてアクを取る。
5. フライパンに薄く油(分量外)を引いて、**1**の牛すねかたまり肉をまいたけも一緒に、焼き色が付く程度まで焼いたら、**4**に加える。水が減ったら足しながら、弱めの中火で1時間ほどコトコトと煮る。
6. **5**に**2**のニンジン、大根、ジャガイモを加えて、さらに30分煮る。

❶6から犬用を取っておく(体重5kgの場合、130ml程度)。

7. **5**のフライパンに**2**のタマネギを入れ、塩をひとつまみかけて、しんなりするまで炒める。途中、**6**のスープをおたま1杯加えて、弱火で15分ほど煮詰める。
8. 犬用の①を取り分けた後の**6**に、**7**のタマネギを加えて、10分ほど煮てから塩と黒こしょうで味を調える。器に盛って、パセリを散らせば完成。

❷①に水100mlを加えてスープを薄め、パセリを散らす。

マッシュポテト

〈材料〉

	2人分	犬(5kg/1頭分)
ジャガイモ	2・3/4個	1/4個
豆乳	70ml	10ml
バター	10g	–
塩	適宜	–

〈作り方〉

1. ジャガイモは皮をむいて芽を取り除き、薄切りにする。鍋に湯(分量外)を沸騰させて、ジャガイモが柔らかくなるまでゆでたら、ザルにあげて水気を切る。
2. **1**の鍋を火にかけて水分を飛ばした後、**1**のゆでたジャガイモを戻し、つぶしながら水分を飛ばす。豆乳を少しずつ加えながら、なめらかにのばす。

❸②に2(体重5kgの場合、約大さじ1)を添えて、粗熱が取れれば完成。

3. **2**の火を少し強くし、バターを加えて手早く練る。塩で味を調えれば完成。

冬の
昼・夜ごはん

ラムステーキとビーツのきんぴら

冬に家族で
食べたいラム肉！

柔らかく臭みの少ないラム肉は、体を温め熱を蓄えてくれるので、冬の温活におすすめ。ラム肉の中でも脂身の少ない赤身肉であるモモ肉の厚切りは、ステーキにぴったりです。くこの実入りの湯豆腐やビーツのきんぴらも、血を巡らせ体を温める働きが期待できます。

ラムステーキ

〈材料〉

	2人分	犬(5kg/1頭分)
ラムモモ肉	300g(ステーキ用2枚)	80g
塩	適宜	−
黒こしょう	適宜	−
ニンニク	1片	−
オイル	大さじ1	−
サラダリーフ	適量	少々
黒酢タマネギダレ(P88参照)	適宜	−
ワサビ(あれば)	適宜	−

〈作り方〉

1 ラムモモ肉は常温に戻しておく。ニンニクは薄切りにして、芯をつまようじで取る。

❶ 犬用のラムモモ肉はひと口大に切る。

2 1の人用のラムモモ肉は、焼く直前に塩と黒こしょうを振る。

3 フライパンにオイルと1のニンニクを入れて、弱火でオイルにニンニクの香りを付けた後、ニンニクを取り出す。

4 3のフライパンに2を入れて、中火で約2分、ひっくり返して約2分焼く。肉を立てて、側面にも焼き目を付ける。

5 4の火を止めてふたをし、余熱で7分ほど火を通す。

6 器に盛り、サラダリーフを添えて、3のニンニクをのせれば完成。ワサビや黒酢タマネギダレで食べる。

ビーツのきんぴら

〈材料〉

	2人分	犬(5kg/1頭分)
ビーツ	1個	1/8個
ゴボウ	1/2本	3cm
白ごま	大さじ1	少々
しょうゆ	大さじ1	−
みりん	大さじ1	−
砂糖	大さじ1/2	−
ごま油	少々	−

〈作り方〉

1 ビーツは皮をむいて細切りにする。ゴボウは皮をそいで細切りにし、水にさらす。

❷ 1から犬用を取っておく。

2 鍋にごま油を熱し、1を入れて全体に油が絡むように混ぜる。砂糖を加えてさらに絡め、2分ほど炒める。

3 2にしょうゆとみりんを加えて、中火で煮汁がなくなるまで煮詰める。

4 火を止めて、白ごまを和えれば完成。

湯豆腐

〈材料〉

	2人分	犬(5kg/1頭分)
豆腐	1丁	1/8丁
根昆布	5cm	
くこの実	8〜10粒	2粒
好みのタレ(P88参照)	適宜	−

〈作り方〉

1 根昆布は固く絞った濡れふきんで拭く。豆腐はひと口大に切る。

2 土鍋に水600ml(分量外)と1の根昆布、くこの実を入れて、15〜20分置いた後、火にかけて煮立たせる。

3 2に1の豆腐をそっと入れて、弱火で温めれば完成。好みのタレやポン酢で食べる。

❸ 3から汁150ml、豆腐2切れ、くこの実2粒を犬用の鍋に入れる。

❹ ③に①、②を加えて5〜6分煮て、粗熱が取れたら、サラダリーフを添え、白ごまを振って完成。

FOR DOGS

冬の
昼・夜ごはん

ミートローフ

ビタミン豊富な
カリフラワースープ

挽き肉を練ってバットに詰め、野菜を埋めて焼くだけ。お手軽なのに豪華に見えるミートローフ。成形したり、焼きながらひっくり返したりしなくていいので、実はハンバーグより簡単です。何度でも作ってほしい冬の定番スープ、カリフラワーのポタージュと一緒に。

ミートローフ

〈材料〉

		3～4人分	犬(5kg/1頭分)
合い挽き肉(脂の少ないもの)		500g	80g
セロリ		1/2本	1/6本
レンコン		30g	5g
ニンジン		1/3本	1/10本
A	味噌	大さじ1	
	パン粉	15g	
	卵	1個	
	ショウガ(すり下ろし)	小さじ1	
ブロッコリー		5～6房	1房
ミニトマト		5～6個	1個
片栗粉		少々	

〈作り方〉

1 セロリはみじん切り、レンコンは大きめのみじん切りにし、合わせて600Wのレンジで2分加熱する。ニンジンはすり下ろす。ブロッコリーは洗って、ふわっとラップをかけて600Wのレンジで2分加熱する。

2 ボウルに**1**のセロリ、レンコン、ニンジンと**A**、合い挽き肉を入れて、粘りが出るまでこねる。

3 耐熱の型に**2**を敷き詰め、**1**のブロッコリーとヘタを取ったミニトマトの底面に片栗粉を付けて埋め込む。

4 200℃のオーブンで25分、もしくはトースターで30分焼く。魚焼きグリルで20分焼いてもOK。

❶ **4**から犬用を取っておく。

5 焼き上がったら、塩、黒こしょう(分量外)を振って完成。

カブサラダ

〈材料〉

	2人分	犬(5kg/1頭分)
カブ(葉も含む)	1個	1/8個
バジル	2～3枚	1枚
オリーブオイル	小さじ2	少々
リンゴ酢	小さじ2	少々
塩レモンダレ(P89参照)	適宜	−

〈作り方〉

1 カブは、根の部分は薄めの半月切り、葉は2～3cmのザク切りにする。

2 ボウルにオリーブオイルとリンゴ酢を入れ、**1**とちぎったバジルを入れて和える。

❷ **2**から犬用を取り出し、カブの葉を少し細かめに刻む。

3 塩で味を調えるか、塩レモンダレをかけて完成。

カリフラワーのポタージュ

〈材料〉

	2人分	犬(5kg/1頭分)
ジャガイモ	小1個	
カリフラワー	120～150g	
セロリ	1/2本	
豆乳	200ml	
水	200ml	
バター	大さじ2/3	−
塩	ひとつまみ	−
黒こしょう	適宜	−

〈作り方〉

1 カリフラワーは7～8mm厚の薄切りにする。ジャガイモは皮をむいて芽を取り除き、5mm厚の薄切りにして水にさらす。セロリは斜めに薄切りする。

2 鍋に少しのオイル(分量外)を熱して、**1**のセロリを炒める。しんなりしたら、カリフラワーとジャガイモを加えてさらに炒める。豆乳と水を加え、沸騰したら弱火で10分ほど煮る。

3 **2**をブレンダーなどにかけてペースト状にする。

❸ **3**から犬用を取っておく(体重5kgの場合は50ml)。

4 **3**にバターを加えて余熱で溶かし、塩、黒こしょうで味を調えれば完成。

❹ 器に③を入れて水80ml(分量外)でのばし、①、②を加えれば完成。

冬のスペシャルごはん

クリスマス タルタルディッシュ

細かく刻んだ具材を組み合わせるフレンチの一品、タルタル料理。
作り方は超簡単で、好きな具材をセルクルにギュウギュウに詰めるだけ！
緑や赤の食材を使うと、クリスマス感が出ます。
人用には好みでピンクペッパーや岩塩、バルサミコ酢を添えて。

作り方は簡単なのに
特別感を出せる

FOR DOGS

FOR OWNERS

〈材料〉人用8×8cmのセルクル2個分、
犬用5×8cmのセルクル1個分

	人	犬
ジャガイモ（あればインカのめざめ）	2個	
サーモン	150g	
ミニトマト	6〜8個	
ブロッコリー	3〜4房	
カッテージチーズ	100g	
ディル（あれば）	少々	
レモン	1/2個	
オリーブオイル	小さじ1・1/2	
岩塩	適宜	−
ピンクペッパー	適宜	−
バルサミコ酢	適宜	−

〈作り方〉

1 ジャガイモは皮をむいて芽を取り除き、1cmの薄切りにしてゆで、ザルにあげてつぶす。

2 ミニトマトはヘタを取り、種をざっと外して細かく刻み、レモンの絞り汁1/4個分とオリーブオイル小さじ1で和える。

3 サーモンは7〜8mmの角切りにして、レモンの絞り汁1/4個分と混ぜる。

4 ディルを刻み、カッテージチーズと混ぜてよく練る（ディルがない場合はカッテージチーズを練る）。

5 ブロッコリーは柔らかめに4〜5分ほどゆでてから刻み、オリーブオイル小さじ1/2と和える。

❶ 犬用の皿にセルクルをのせて、**1**、**2**、**3**、**4**、**5**の順に、それぞれ1.5cmほどの高さになるよう重ねる。それぞれ平らになるようしっかりと押しつけてから、次の層を重ねるのがポイント。そっとセルクルを抜けば完成。好みでクッキーで飾りつける。

6 残りを人用の皿に、❶と同様に盛り付ける。最後にピンクペッパーと岩塩を散らし、バルサミコ酢を添えて完成。

スイートポテト

サツマイモの素材の味を楽しめるおやつ、スイートポテト。サツマイモは裏ごししないで木ベラでつぶすだけでも、意外とこっくりおいしく作れます。愛犬と一緒に食べたいから、砂糖ではなくメープルシロップで甘みを付けましょう。

〈材料〉サツマイモ1個分	人	犬
サツマイモ	中1本	
豆乳（犬用のみならヤギミルクでもOK）	100ml	
メープルシロップ	大さじ1	
卵黄	1個分	

〈作り方〉

1 サツマイモは皮をむかずによく洗い、縦半分に切って、蒸し器で30分蒸す。もしくは、水で濡らしたキッチンペーパーで全体をくるみ、さらにラップで包んで、500Wのレンジで2分、200Wで10分、中まで柔らかくなるまで加熱する。

2 粗熱が取れたら、皮が破れないよう、皮から7〜8mmほど果肉を残して、中をくり抜く。

3 **2**のくり抜いた果肉を木ベラなどでつぶす。

4 **3**をフライパンに入れて弱火にかけ、豆乳を少しずつ加えながら、木べらでなめらかにのばす。ペースト状になったら、メープルシロップを加えて軽く混ぜ、火を止める。

5 卵黄を溶き、1/2を**4**に混ぜて練る。**2**の皮に詰めて、残りの卵黄を表面に塗る。

6 200℃のオーブンかトースターで、焦げ目が付くまで焼けば完成。犬用はしっかり冷めてから、小分けにして与える。

緑豆チェー

甘く煮た豆類や芋類、果物などを合わせて食べる、ベトナムの伝統的なデザート、チェー。老廃物を溜め込みやすい冬に、毒出しの薬膳としても用いられる緑豆やココナッツミルクを使ったチェーを作りましょう。特に手足がポカポカして体内に熱がこもっている愛犬におすすめ。

〈材料〉2杯分

	人	犬
緑豆	50g	
サツマイモ	60g	
ココナッツミルク	150ml	
水	150ml	
ショウガ	小さじ1/2（絞り汁）	
メープルシロップ	適宜	少々

〈作り方〉

1 緑豆は米をとぐように洗い、水（分量外）に2〜3時間浸けておく。たっぷりの水で柔らかくなるまで20分ほど煮て、ザルにあげる。

2 サツマイモは2cm角に切る。

3 鍋に**1**とココナッツミルク75ml、水150mlを入れて、弱火で5分煮る。

4 **3**に**2**を加えて、サツマイモが柔らかくなるまで4〜5分ほど煮る。

5 残りのココナッツミルクを加えて、さらに7〜8分ほど煮詰める。

6 **5**にショウガの絞り汁を小さじ1/2ほど入れて、ひと煮立ちさせる。人用にはメープルシロップをかけて好みの甘さにし、犬用は冷ましてメープルシロップを少しかければ完成。

冷凍や冷蔵しておくと便利！

ストック食材レシピ

ほぼ毎日料理をする人でも、食材やスープのストックをうまく活用すると、簡単に栄養補給ができたり、愛犬用のごはんを一緒に作りやすくなったりします。ぜひ試してみてくださいね！

1 冷凍鶏肉＆スープ

人よりもタンパク質を必要とする愛犬用に、好みの肉をまとめてゆでて、肉とゆで汁を冷凍庫にストック。人用のサラダやスープに解凍して足すだけで、犬用ごはんが完成します。臓物が多すぎるとミネラル過多になるので注意。

〈材料〉

鶏ササミ … 1本
鶏胸肉 … 1枚
レバーとハツ … 120g
※レバーなどの臓物は全体の30％までにとどめてください。
水 … 500ml

肉をゆでたら、ザルを使って肉とゆで汁に分け、ゆで汁も捨てずに冷凍して活用しましょう。

〈作り方〉

1 鶏胸肉は皮を取り除き、適当な大きさに切る。レバーとハツは脂を取り除き、細かく刻む。

2 鍋に水を沸騰させ、**1**と鶏ササミを入れて、8分ほどよくゆでる。

3 火が通ったら、ザルを使って肉とゆで汁に分ける。肉が冷めたら、鶏ササミと鶏胸肉は手でほぐす。

4 **3**の肉は、できるだけキッチンペーパーで水分を取り、冷凍用のジッパー付きビニール袋に入れて平らに伸ばす。ゆで汁は製氷器に入れる。

5 肉もゆで汁も、冷凍庫に入れて保存する。使うときは使う分だけ割り、レンジで加熱したりスープに入れたりして解凍する。

冷凍庫で**1カ月**

2 シジミ汁

肝臓ケアに役立つ栄養成分の豊富なシジミ。愛犬の水分補給やドライフードの風味付け、家族用のごはんのダシとして活躍します。製氷器で冷凍しておけば、必要な量を調整しながら、すぐにプラスすることができます。

〈材料〉

シジミ … 150g
水 … 500ml

〈作り方〉

1. シジミの砂抜きがされていない場合は、ボウルにシジミとひたひたの水（分量外）、ごく少量の塩（分量外）を入れ、新聞紙をかぶせて2〜3時間置く。
2. 貝どうしをこすり合わせてよく洗い、鍋に水とともに入れて、火にかける。
3. 弱火でゆっくりと加熱し、沸騰したらアクを取る。貝殻が開いたら、1〜2分で火を止める。
4. 粗熱が取れたら、ザルで貝を取り除き、冷凍保存する場合は製氷器に入れる。

冷凍庫で**1カ月**

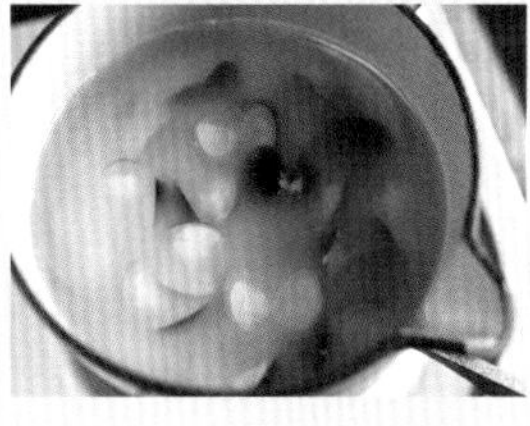

シジミは冷凍を袋詰めしたものも販売されています。こまめに作ってストックしておきましょう。

3 昆布水

昆布と水を冷水筒などに入れて、冷蔵庫に入れておくだけでできる、昆布水。デトックス効果や整腸作用が期待できる水溶性食物繊維や、ミネラルも豊富です。人用の味噌汁や煮物のダシとして、愛犬のごはんの水分として。

〈材料〉

根昆布 … 10cm
水 … 1l

〈作り方〉

1. 根昆布は固く絞ったふきんで軽く拭く。
2. **1**と水を冷水筒などに入れて、冷蔵庫で1晩以上置く。

冷蔵庫で**1週間**

冷水筒に水と昆布を入れるだけ！　犬用のごはんを作るとき、水の代わりに使って健康ケアを。

4 干し野菜

ほとんどの野菜は90％以上が水分。干すと水分が抜けて、栄養成分や旨味成分が濃縮されます。甘味や旨味が増すことで、愛犬がおやつに食べてくれることも。家庭用としてもさまざまなごはんのレシピに活用できます。

〈材料〉

キュウリ、ゴーヤ、プチトマト、カボチャなど好みの野菜。夏野菜は特におすすめ

〈作り方〉

1 野菜を3mmほどの薄切りにして、ザルやふきんの上に重ならないように並べる。

2 直射日光を避けて、半日ほど外に干す。

常温で**1週間**、冷凍庫で**1カ月**

ゴーヤ　キュウリ

天気のいい日を狙って作りましょう！　天日干しのほか、オーブンやレンジ、フードドライヤーを使って乾かすこともできます。

5 きのこパウダー

きのこもほかの野菜と同様、干すことで栄養成分や旨味成分が濃縮されます。それに加えて、冷凍庫なら1カ月の長期保存が可能になるのもメリット。粉末にすれば、家族や愛犬のごはんのふりかけやダシとして気軽に使えます。

〈材料〉

まいたけ、しめじ、しいたけなど好みのきのこ

〈作り方〉

1 きのこの石突きを取り、適度な大きさに切るか手で割いて、ザルやふきんの上に重ならないように並べる。

2 カラカラになるまで2〜3日ほど外で天日干しにする。
※外に干しっぱなしだとカビることがあるので、夜は室内へ入れましょう。白い粉は問題ありませんが、緑色のものはカビ、黒くなったら腐敗している可能性があるので食べないこと。

3 ミルなどで粉末にする（そのままでもOK)。

常温で**1週間**、冷凍庫で**1カ月**

きのこ類は乾燥させると栄養価が6倍になるというデータもあります。ほかの乾物と一緒に粉末にして、自家製ふりかけも作れます。

6 冷凍鮭&スープ

肉だけでなく魚も、愛犬の良質なタンパク源になります。週2~3食は魚のごはんにしてあげるのがおすすめ。好みの魚でOKですが、家族のごはんと同じで、いつも同じものばかりではなく、ローテーションしてあげましょう。

〈材料〉

鮭…2〜3切れ
水…300〜500ml

〈作り方〉

1. 鮭は骨を取り除き、身をひと口大に切る。皮は細かく刻む。
2. 鍋に水を沸騰させて、**1**を入れ、5分ほどゆでて火を止める。
3. ザルを使って身・皮とゆで汁に分ける。冷めたら身をほぐす。
4. 身や皮は、できるだけキッチンペーパーで水分を取り、冷凍用のジッパー付きビニール袋に入れて平らに伸ばす。ゆで汁は製氷器に入れる。
5. 身・皮もゆで汁も、冷凍庫に入れて保存する。

冷凍庫で**1カ月**

切り身のほかに、スーパーなどで魚のアラを購入して、ゆでた後に骨やウロコを取り除いてもOK。

7 冷凍ネバネバ

ネバネバ系の食材は、粘膜保護や保水力アップなどいろいろな健康効果が期待でき、下痢気味の状態が続くときなどにおすすめ。冷凍しておいて手で割って、毎日少しずつ愛犬のごはんにトッピングしてあげましょう。

〈材料〉

ヤマイモ、めかぶなどネバネバの食材

〈作り方〉

1. ヤマイモはすり下ろす。めかぶは刻む。
2. 冷凍用のジッパー付きビニール袋に、**1**をできるだけ薄く伸ばして入れ、平らにして冷凍庫に保存する。
3. 使うときは、必要な分だけ手でパリッと割って、そのまま器に入れるとすぐに解凍できる。

冷凍庫で**1カ月**

使うとき簡単に手で割れるように、冷凍庫に入れるときは、平らに薄く伸ばして。

8 麹あんこ

あずきと生麹で作る麹あんこは、砂糖は使わないけれど麹の優しい甘さで、愛犬と家族でシェアできるおやつに。デザートのトッピングとしても使えます。発酵食材は腸内の善玉菌の餌になるので、腸内環境を整えるのにも有効。

あずき　麹

〈材料〉

あずき … 200g
麹（あれば生麹） … 200g
水 … 700ml

温度や時間を管理し、一定の温度で加熱できるヨーグルトメーカーは、甘酒や塩麹など発酵食品を作るのにも活躍します。

〈作り方〉

1 あずきはよく洗って、ザルで水気を切る。

2 鍋に500mlの水を沸騰させ、**1**のあずきを入れる。煮立ったら水200mlを加えて、さらに沸騰したら中火で10分煮る。

3 火を止めてふたをしたまま、30分蒸らす。

4 **3**をザルにあげて水気を切り、鍋に戻す。ひたひたより少し多めの水（分量外）を加えて、あずきが手でつぶれるほど柔らかくなるまで煮る。

5 **4**をザルであずきとゆで汁に分け、あずきもゆで汁も50℃以下になるまで冷ます。

6 炊飯器に**5**のあずきと麹を入れてよく混ぜ、全体にしっとりさせる。しっとり感がない場合は、**5**の冷ましたゆで汁を加えて調節する。

7 炊飯器のふたを開けたまま、上にふきんをかけて、保温モードにする。2～3時間おきに全体を混ぜて、55～60℃を保ちながら、8時間発酵させる。
※ヨーグルトメーカーがある場合は、55℃で8時間発酵させればOK。

冷蔵庫で**1週間**、冷凍庫で**1カ月**

愛犬と家族のごはんのQ&A

愛犬と家族のごはんを一緒に作るにあたって、よくある疑問とその答えを簡潔にまとめました。参考にしてください！

Q1

手作りの犬ごはんで、栄養のバランスが取れているか心配…。

A 確かに、ドライフードの粒には犬に必要な栄養素がぎゅっと詰まっていますが、その栄養を食べていさえすれば、健康が約束されているわけではありません。また、手作りならば、絶対に健康でいられるというわけでもありません。栄養バランスに絶対はないのです。必要量のタンパク質と旬の食材で、楽しみながら取り入れてみてください。

Q2

人のごはんと同じように、犬のごはんも毎回違うもので大丈夫？

A 人も犬も基本的には、ローテーションしていろいろな食材を取り入れることは、とても大切です。ただ、その子の体調や腸の状態にもよりますし、不調や病気などから当面同じものでケアしたほうがいい場合もあります。食べたものの答え合わせは、便でします。便のようすを見ながら、ごはんの量や具の細かさなどを調整してください。

Q3

同時に作ると、人のごはんにもネギ類が使えないけど、おいしくできる？

A ネギ類は旨味や甘味を深める重要な食材。ネギ類がないと成り立たないレシピもたくさんありますが、入れるタイミングやタレ、またはセロリなど他の食材で代用して、工夫しています。いつもとはちょっと違う仕上がりになることもありますが、それはそれで楽しんでくださいね。

Q4

大型犬だと、人のごはんと一緒に作るのは大変？

A 大型犬の場合、量が人並みかそれ以上になるので、人用の端っこで、というわけにはいかないですよね。まずはドライフードと併用して、手作りごはんをトッピングし、潤いのあるごはんにしてみてください。毎回大鍋でガツンと作るのも、大型犬と暮らす醍醐味の一つかもしれません。

Q5

犬のごはんを手作りすると、歯石が付きやすくなったり、アゴが弱くなったりしない？

A ドッグフードでも缶詰でも、歯石がつかない食べ物はないので、どんなごはんでも口腔内のケアは必要です。また、犬の口は本来、固いものを噛めるように作られていて、アゴを使うことでストレスを発散したり、唾液の分泌が正常化されたりします。ごはんとは別に、たまに生骨やアキレスなど固いものを与えてあげてください。

Profile

俵森朋子（ひょうもりともこ）

犬ごはん研究家。鎌倉にある、犬ごはんのワークショップやカウンセリング、犬の体に優しい手作り惣菜や食材の販売などを行う『manpucu garden（まんぷくガーデン）』店主。武蔵野美術短期大学卒業後、インテリアテキスタイルデザイン＆企画の仕事に20年近く従事した後、1999年に友人とともに『ドッググッズショップ シュナ＆バニ』を立ち上げる。2012年、もっと犬の体にいいことをしたいと、フードやケア用品、オリジナルグッズなどを扱う『pas à pas（パザパ）』をオープン。2017年に『プラーナ和漢自然医療アニマルクリニック』にて食事療法インストラクター、2020年に『PYIAペット薬膳国際協会』のペット薬膳管理士の資格を取得し、2021年に犬ごはんをメインにした『manpucu garden』として新スタート。著書に『犬ごはんの教科書』（誠文堂新光社）、『愛犬との幸せなさいごのために』（河出書房新社）他、多数。現在は雑種犬のタオと、ボーダー・テリアのオミの他、猫4匹、カメ1匹と暮らしている。
https://www.manpucu.jp

SPECIAL THANKS

Mitte　Margo　BoyBoy　ナナ

SARA　NUTS　タオ　オミ

主な参考文献

『八訂食品成分表2023』香川明夫 監修(女子栄養大学出版部)

『心と体をいやす食材図鑑』
アマンダ・アーセル 著(TBSブリタニカ)

『薬膳食典 食物性味表–食養生の知恵』
日本中医学院 監修、日本中医食養学会 著(日本中医食養学会)

『若杉友子の毒消し料理』若杉友子 著(パルコ)

『若杉友子の「一汁一菜」医者いらずの食養生活』
若杉友子 著(主婦と生活社)

『基本としくみがよくわかる東洋医学の教科書』
平馬直樹・浅川要・辰巳洋 監修(ナツメ社)

『もっとからだにおいしい 野菜の便利帳』
白鳥早奈英・板木利隆 監修(高橋書店)

Staffs

デザイン　菅谷真理子(マルサンカク)
撮影　岡崎健志
イラスト　ヤマグチカヨ
校正　鷗来堂
調理補助　佐藤真樹子
撮影協力　UTUWA
編集協力　山賀沙耶
編集担当　梅津愛美(ナツメ出版企画株式会社)

一緒に作るから、手軽で続けやすい
愛犬と家族の毎日ごはん

2023年12月5日　初版発行

著　者　俵森朋子

発行者　田村正隆

発行所　株式会社ナツメ社
東京都千代田区神田神保町1-52　ナツメ社ビル1F(〒101-0051)
電話 03-3291-1257(代表)　FAX 03-3291-5761
振替 00130-1-58661

制　作　ナツメ出版企画株式会社
東京都千代田区神田神保町1-52　ナツメ社ビル3F(〒101-0051)
電話 03-3295-3921(代表)

印刷所　図書印刷株式会社

ISBN978-4-8163-7452-4
Printed in Japan

犬に与えてはいけない食材、注意が必要な食材

 与えてはいけない食材

タマネギ、ネギ、ニラ
ユリ科ネギ属は貧血を引き起こす可能性が高い。ニンニクは少量ならOK。

ブドウ、干しブドウ、プルーン
原因は不明だが、急性腎不全を引き起こす危険性がある。

未熟なサクランボ、青梅と種
犬に有害なシアン化物が含まれている。梅雨に道に落ちている青梅には十分注意。

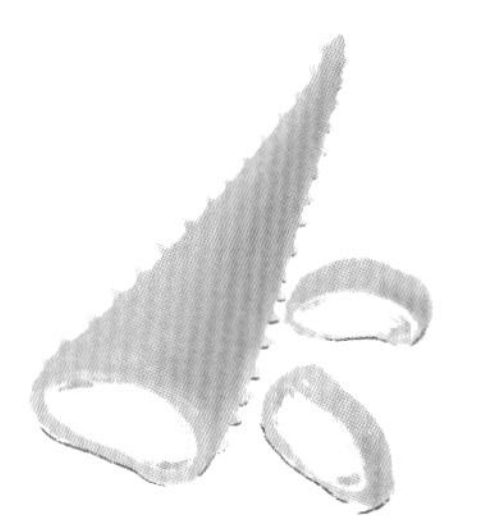

アロエ
原因は不明だが、下痢や腸炎を引き起こす可能性がある。

コーヒー、紅茶、緑茶、茶葉
カフェインを含むものは、カフェイン中毒を引き起こす可能性がある。

アルコール
犬はアルコールを分解して無害化できず、エタノール中毒症状を起こす危険性がある。

キシリトール
低血糖を引き起こす危険性があり、少量であっても危険。

チョコレート、ココア
テオブロミンが突発的な神経症状や下痢、嘔吐などの中毒症状を起こす可能性がある。

加熱した骨
特に鶏の骨は加熱すると縦に裂け、消化に負担がかかって下痢を引き起こす可能性がある。

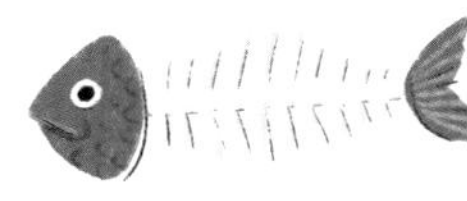

魚の固い骨
柔らかいものは問題ないが、固いものは食道や内臓を傷つける危険性がある。

 注意が必要な食材

カニやエビなどの甲殻類
ビタミンB1欠乏症の引き金になる可能性がある。イカは消化不良も起こしやすい。

無糖や低脂肪のヨーグルト
甘味料としてキシリトールを使っているものがある。原材料の確認を。

過剰な調味料や香辛料
香辛料は胃腸を刺激して下痢を引き起こすことがある。調味料の入れすぎは塩分過多になる。

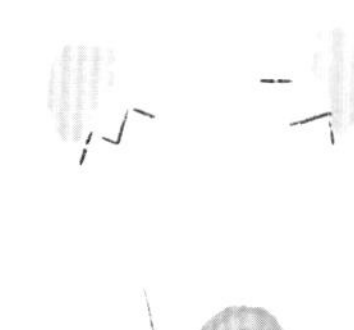

生の卵白
生の卵白に含まれるアビジンは、必須ビタミンのビオチンの吸収を妨げるので、火を通す。

 気を付けたい食材の廃棄部分

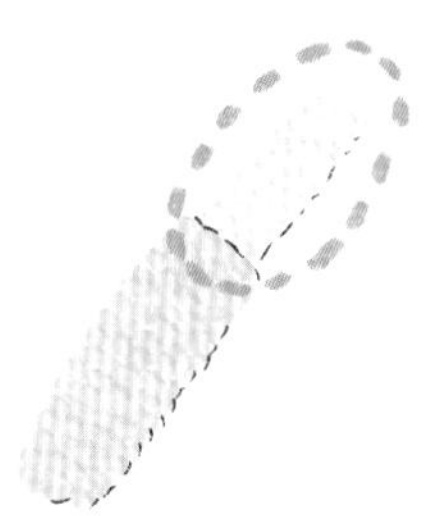

トウモロコシの芯
不溶性の食物繊維でできており消化できず、食道や腸に詰まると危険。

アボカドの種や皮
アボカドの種や皮に多く含まれるペルシンが有害なほか、気管や食道に詰まると危険。

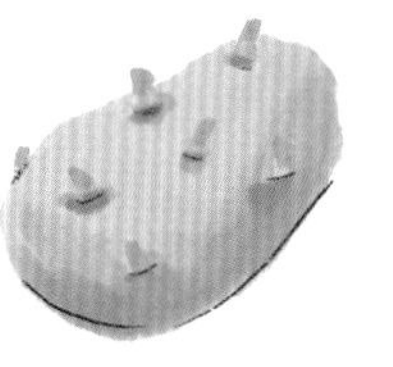

ジャガイモの芽
ソラニンが多く、強い中毒症状が出る可能性がある。人間も食べてはいけない。

トマトやナスのへた
アルカロイド系の天然の毒素が含まれており、中毒症状を引き起こすことがある。

 誤食すると危険な調理道具

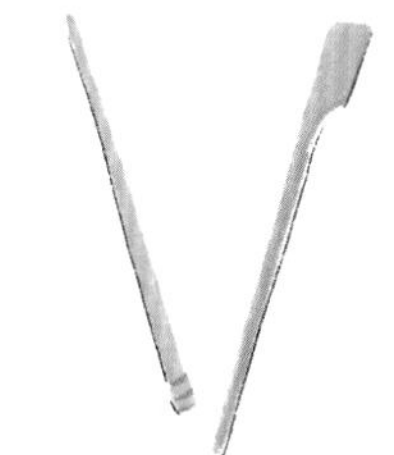

竹串、つまようじ
内臓を傷つけるので、盗み食いしたりゴミを漁ったりしないよう注意。

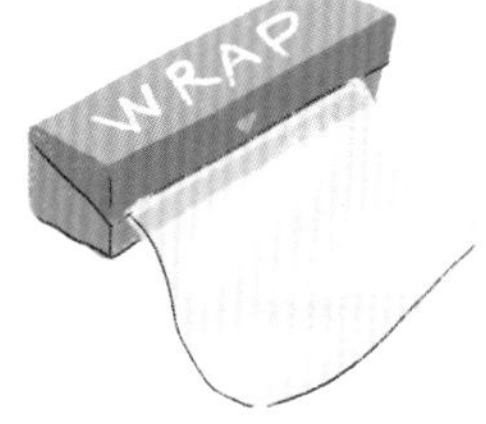

ラップ
胃腸に張り付いたり、絡まったりする危険がある。ゴミや買い物直後の荷物に注意。

輪ゴム、ヒモ
ヒモ状のものは胃腸に絡む危険がある。ゴミや食材を止めているものに注意。

保冷剤
固まらないタイプの保冷剤に使われるエチレングリコールは腎不全を起こす危険が。

〈活用方法〉

1　与えてはいけない食材

人が食べても大丈夫なものでも、犬に与えてはいけない食材もあります。ごはんを一緒に作るにあたっては、誤って犬のごはんに入れてしまわないよう十分注意しましょう。

2　注意が必要な食材

種類や分量、与え方によって、犬の体調に悪影響を与える可能性があるので注意しましょう。

3　気を付けたい食材の廃棄部分

人も食べない食材の廃棄部分ですが、犬がゴミ箱や保管してあるものを漁って食べてしまう危険性があります。命に関わる場合もあるので、十分注意しましょう。

4　誤食すると危険な調理道具

食材の保存に使うものや、調理に使った後の道具には、食べ物のにおいがついており、犬が誤って食べてしまう危険性があります。命に関わる場合もあるので、十分注意しましょう。

※もし愛犬が「与えてはいけない食材」、「気を付けたい食材の廃棄部分」、「誤食すると危険な調理道具」を食べてしまった場合は、無理に吐かせず、まずは病院に電話して指示をあおぎましょう。

※「注意が必要な食材」を食べてしまった場合は、体調に異常が見られたらすぐに病院へ連れて行きましょう。

犬に与えてはいけない食材

食材リスト

愛犬と家族のごはんを一緒に作るにあたって、
犬に与えてはいけない食材や、注意が必要な食材をまとめました。
ハサミで切り取って、冷蔵庫などに貼って活用してください。